3DMax/V-Ray 环境空间设计·实战篇

/3DMax/V-Ray Environment Space Design Practical Volume

21世纪全国普通高等院校美术·艺术设计专业“十三五”精品课程规划教材

The“13th Five-Year Plan”Excellent Curriculum Textbooks for the Major of

Fine Arts and Art Design

in National Colleges and Universities in the 21st Century

主　编　张宇飞

副主编　刘　薇　刘　旭　于　畅　顾谦倩

编　著　张宇飞　刘　薇

辽宁美术出版社

Liaoning Fine Arts Publishing House

图书在版编目（CIP）数据

3DMax/V-Ray环境空间设计．实战篇 / 张宇飞，刘薇编著．— 沈阳 ：辽宁美术出版社，2021.7
21世纪全国普通高等院校美术・艺术设计专业十三五精品课程规划教材
ISBN 978-7-5314-8979-5

Ⅰ．①3… Ⅱ．①刘… ②张… Ⅲ．①环境设计－计算机辅助设计－应用软件－高等学校－教材 Ⅳ．①TU-856

中国版本图书馆CIP数据核字（2021）第072764号

出版发行　辽宁美术出版社
经　　销　全国新华书店
地　　址　沈阳市和平区民族北街29号　　邮编：110001
邮　　箱　lnmscbs@163.com
网　　址　http://www.lnmscbs.cn
电　　话　024-23404603
封面设计　彭伟哲　林　枫　孙雨薇
版式设计　彭伟哲　薛冰焰　吴　烨　高　桐

印制总监
徐　杰　霍　磊

印　　刷
辽宁新华印务有限公司

参与本书编写人员
周晓晶　庞　聪　杜　新　乔志成　邵浩阳　隋晓莹
张　笑　邱　晨　肖凌龙　杨　毅　张　放　王信博
黎铠鸣　安　宁　魏宇楠　王　阳　孙小茜

责任编辑　严　赫
责任校对　郝　刚
版　　次　2021年7月第1版　2021年7月第1次印刷
开　　本　889mm×1194mm　1/16
印　　张　7
字　　数　170千字
书　　号　ISBN 978-7-5314-8979-5
定　　价　49.00元

图书如有印装质量问题请与出版部联系调换
出版部电话　024-23835227

序 >>

「 室内设计是一种把设计规划、设想通过图形语言表达出来的活动过程，是一门涉及形式、结构、材料运用的综合性学科，其重点不仅仅在于设计的理论研究，表现形式也通常起到非常重要的作用。近年来，随着电子媒体的迅猛发展，计算机辅助表现逐步替代了传统的手绘效果图。在这个领域，设计形式内涵和计算机辅助表现就像鸟的双翼，达到相得益彰的均衡，才能获得更为高远的发展空间。

结合当今时代的需求，张宇飞等几位有着多年设计教学和实践经验的教师筹划编写了《3DMax/V-Ray环境空间设计实战篇》这本书。本书立足于设计理论与实践，强调设计形式内涵与设计表现相结合，着眼于行业发展，凸显“室内设计”领域的前瞻性，具有一定的时代特征和时尚导向，力求最大限度地开拓读者的视野，同时提高读者的理论水平和实践能力。

本书深入地论述了室内设计理论、方案设计、施工工艺方法，并与表现中的建模、渲染、后期处理相结合，按章节分段阐述各个类型的空间设计方法、实例及3DMax操作和运用的方法和难点。在确保内容全面和系统的前提下，将室内设计相关知识点进行整合和浓缩，并结合实例、图片进行由浅入深的介绍，重点难点突出。另外，本书在专业训练的基础上体现普适性，集理论研究和实践训练于一体，重视对实际操作能力的训练和培养，具有较强的专业性。同时，全书内容循序渐进，图文并茂，语言生动简练，通俗易懂，收录的现场照片实例涉及全球范围内各个类型的优秀环境设计作品，可以兼顾不同层次的需求，既利于专业教学，又利于提高专业人士的兴趣。

本书对各种环境类型的室内空间从基础理论到专业设计进行较为系统地阐述，并针对相应的3DMax表现技巧进行详尽的介绍，内容全面且严谨，既可作为普通高等院校相关专业的教材，也可作为专业人士的参考用书和自学用书。

希望这本书的出版能在推动设计与创意的学术交流、促进设计人才培养方面起到抛砖引玉的作用，以求为我国的设计产业发展尽微薄之力。

冼宁 」

目录 Contents

前言

「　本书作者常年奋斗在教学一线，并且自学生时代起就开始从事设计工作。回想当年初出茅庐、步入社会时的坎坷经历，特别希望能有一本指导未来工作方向的指南。那时设计在国内刚刚起步，设计这个名词提起来都充满着神秘感，想找到一本专业设计图书非常难，更何况是指导设计实践的图书，因而只能从一些大师的访谈中寻找一点设计实践方法的影子。而那时，能够对3DMax／V—Ray设计软件达到精通的人更是凤毛麟角。近年来，随着电子媒体的迅猛发展，渲染后的电脑效果图以其逼真的视觉效果逐步替代了传统的手绘效果图。利用手绘作为方案构思的主要手段，电脑效果图成为最终效果，结合多媒体影片放映，成为近年来方案汇报的主流展示形式。

本书力求以全新的角度探索3DMax／V—Ray环境空间设计的方法，通过多年的工作经验，以最有效的方式提取3DMax／V—Ray软件中的常用命令，并且将环境空间设计由方案设计—建模—渲染—PS后期处理—施工相结合，按章节分段阐述各个类型的空间设计方法、实例操作方法及难点，供各大院校师生参考。在这里，我们将为您呈现一名资深设计师应具备的职业素养、资深设计师应具备的知识体系以及实际操作的具体方法和流程。目的在于为处于实习期的设计师提供快速应对的工作方式，尽快适应新的工作环境。本书在编写过程中，得到了许多业内人士的支持和帮助，在此，谨向所有给予帮助的人员：刘旭、周媛、欧阳春、孙冬、陈喆、肖凌龙、顾谦倩等指导教师，王强玉、左超、魏梓俞、王俊懿、李焱柳、刘兆祺、范孝语、赵敏、翟心怡、魏岩秋、潘起宇等学生，表示真诚的感谢！同时，本书中收录的现场照片实例涉及全球范围内各个类型的优秀环境空间设计作品，大量效果图均为编者与鲁迅美术学院艺术工程总公司团队创作，所有学生作品均为鲁迅美术学院展示陈列工作室和沈阳市宇飞艺术工程设计事务所的学生原创作品。

再次感谢读者对本书的支持，若书中有不足之处，真诚希望读者给予批评指正。

编者　」

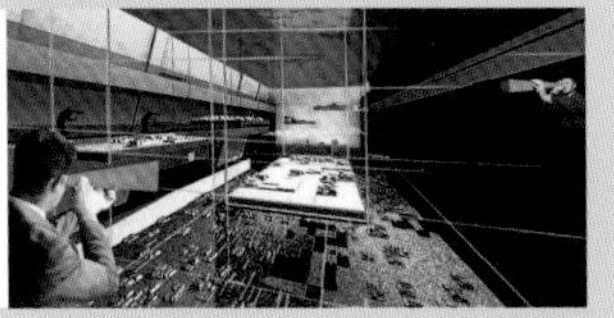

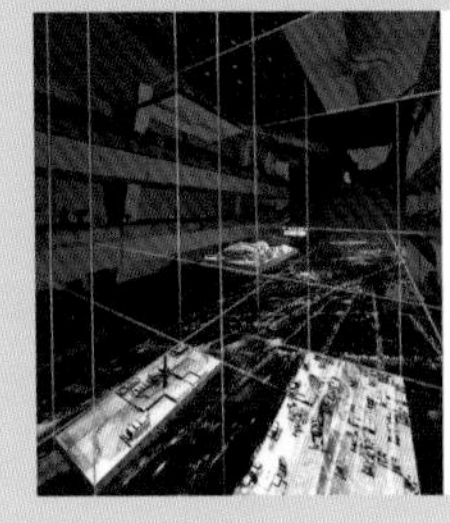

「_ 第一章 3DMax/V-Ray 环境空间的设计项目制作流程」

本章重点

1. 了解环境空间设计师应该具备的能力素养。
2. 了解环境空间设计项目的制作流程。

学习目标

通过对本章的学习，了解环境空间设计师应该具备的基本能力素养，能够熟练掌握环境空间设计项目的制作流程，为下一阶段的课程做准备。

建议学时

2 学时。

第一章　3DMax／V-Ray环境空间的设计项目制作流程

第一节 3DMax／V-Ray环境空间的设计项目制作流程

作为一名设计师，对环境空间设计的流程和设计重点一定要有明确认识。接到项目之后，应有步骤、有准备地展开设计。优秀的设计师不应局限于建模和渲染，还需要对整体空间有足够的认识，而良好的设计流程能够帮助甲方和设计师进行融洽顺畅的沟通，使最终效果达到甲乙双方满意。

环境空间设计流程包括原始资料收集、设计初创、方案形成、技术交底、施工后期调整五个部分。

一、原始资料收集

首先，对于将要设计的空间进行地域分析，对当地的风土人文环境、地理地貌特征、人们的饮食习惯等内容进行实地考察并分析归纳，这些资料是该环境空间区别于其他空间的特征表现。在此基础上，考察空间的场地，对空间的开间、进深、举架进行实地测量。另外，对该空间安全通道的设置、消防设施的设置、水暖设施的设置也要一并考察标注。这对于后期方案的创作和实际施工起到至关重要的作用。

二、设计初创

将收集的资料整理分类，进行分析研究，查找相关空间的经典实例，对实例进行分析和解构，找出最适合该空间的设计方向，对空间环境和主题进行梳理，使灵感自由发挥，进行初步创作。这一时期不宜过多依赖已有的工作经验，应任由思维发散，尽可能地发挥全新的创意。

三、方案形成

对前期初步的创作思路进行筛选和整理，借鉴以往的工作经验，挑选出最佳的方案进行深化设计。需要个人或团队利用设计软件独立或分工完成对空间的建模调整和渲染。对深化后的方案进行集体讨论，查找方案的不足，进行调整和改进。例如调整渲染空间的某个灯光参数，或者调整空间的材质贴图大小等。在这一阶段，资历尚浅的设计师应多向资深设计师和施工技术人员请教，以得到最佳的设计方案，最终形成整套的设计图纸。图纸包括空间布局图（即平面图）、立面图、效果图、环境空间地域环境分析、色彩分析、流线分析、亮点分析、照明分析、材料分析、多媒体应用分析等。

四、技术交底

方案通过论证定稿后，应制作一系列图纸提供给施工单位。3DMax设计师应与CAD施工图绘制人员进行技术交底，对设计中使用的工艺和技术进行语言或文字性描述，并就设计中创作的新工艺、新材料的应用方法和施工方法与施工人员进行沟通，使施工人员和施工图绘制人员对该空间设计有清楚的了解。施工图纸包括展示空间的平面图、立面图、剖面图、节点、大样等。在施工图纸上应精确绘制空间设计内容的尺寸，并依照设计方案绘制配电图，多媒体配置图，消防设施、水暖及安防设施的技术图纸。通常图纸绘制的比例如下：一般小样图为1：20或1：10，中样图为1：5或1：2。若有必要绘制大样图，则采用1：1的足尺比例。

五、施工后期调整

对正在进行施工作业中的环境空间进行实地调整。对前期考察期间在实际操作中出现的误差进行现场调整。这个阶段考察设计师现场调整的能力，以及对环境空间的宏观把控能力。

第二节 ///// 受甲方委托的项目设计流程

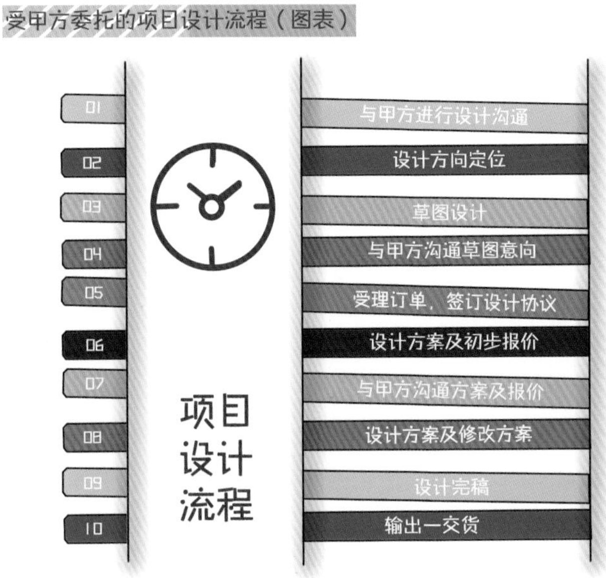

第三节 ///// 需要投标的项目设计任务流程

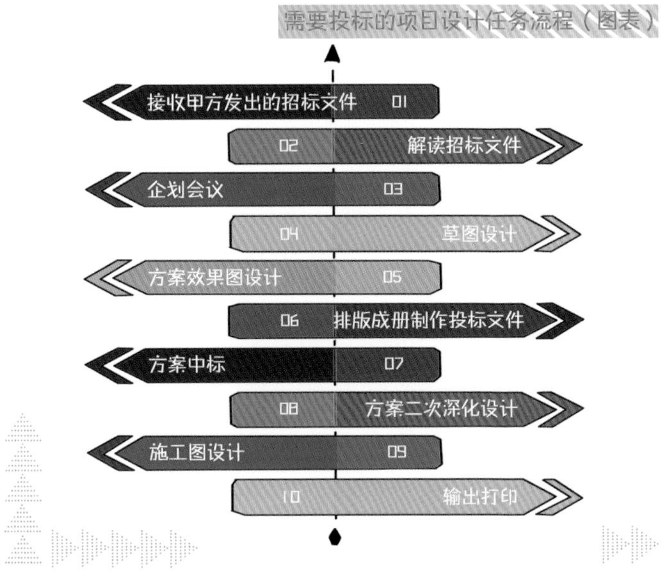

[实例] 沈阳城市规划馆

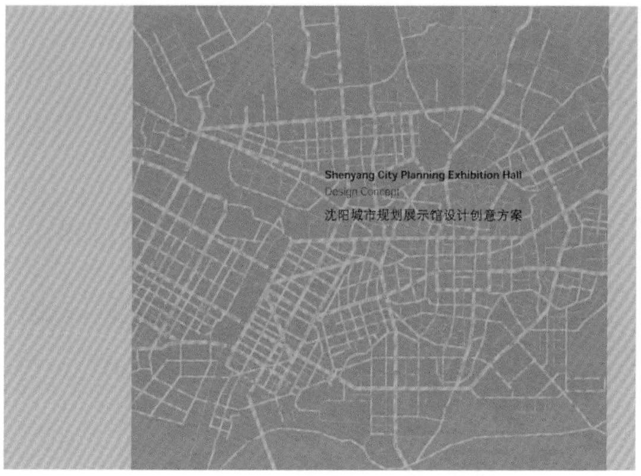

BRIEFING 简介

沈阳城市规划展示馆是呈现沈阳城市建设和未来发展的一扇窗。

它是一个专门展示城市的建筑

它是为海外招标和建设的一个的信息来源

它是沈阳城市的商业标志

它为来沈阳观光的游客提供了指导

它是一扇窗为市民和学生提供了城市规划的支持

类型：

• 简单的元素和高品位，能够给人留下深刻的印象

目标：

• 独一无二的
• 创造性的
• 教育性的
• 互动的
• 媒体和资料

The Planning Exhibition Hall is the window which shows the achievement of the city construction of Shenyang and the future development of the city;

it is the special **»antechamber«** of government;

it is the **information terrace** which is built for inviting investments from overseas and construction;

it is the **business card** of Shenyang;

it is the **first step for the tourists** to visit Shenyang;

it is the **window** for the **civilians** and **students** to see the city planning and to
popularize the planning knowledge.

STYLE:
• simple,elegant, high grade and profound

GOALS:
• Oneness
• Creativeness
• Educational
• Interaction
• Media and materials

01

Entrance – First Sight

入口——第一印象

展示馆坐落于沈阳城市中心大众公园内很吸引人的地方，接近其他各场馆。建筑物自身完整的结构特点象征着某种亲近。

建筑的外观像该馆的一张名片，我们想用一个大的标志来吸引和提醒过路人。我们会在外部诠释立面的三角形结构，嵌在地面里，形成三维空间。

巨大华美的石碑立在入口处，指导参观者入内并列出展示信息。三角形的绿地会邀请参观者坐下休息片刻。

The museum is located in a highly attractive area within a public park in the city centre of Shenyang, close to other museums. The architecture of the building with its monolithic character indicates a certain kind of closeness.

As the exterior of the building is the business card of the museum, we want to incorporate a big gesture to attract and inform the passer-by. We will interpret the triangular structure of the facade on the outside as inlays on the ground and making it three dimensional.

Big colourful steles are placed at the entrance to guide the visitor inside and inform him about the exhibition. Triangular green spaces invite the visitor to sit down and rest for a while.

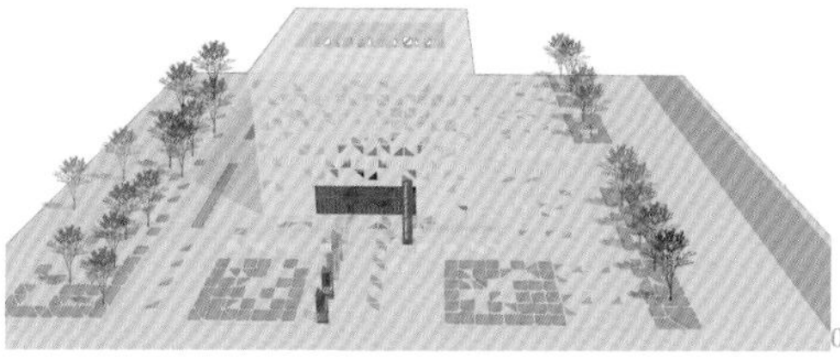

02

Entrance – First Sight
入口—第一印象

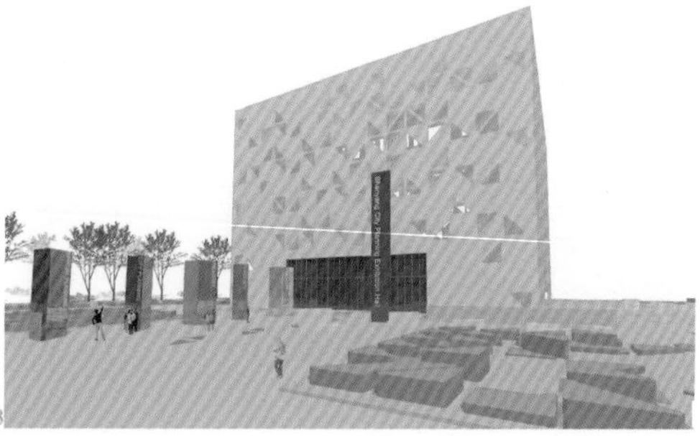

03

Design Concept

Analysis · Spatial stucture

The big open space in the centre of the building definitely is the main attraction of the museum. It gives importance to the big city model, which will be placed on the entrance level.

The big void is predestined for a central attraction to highlight the verticality of the space.

Themed areas, which focus on different aspects of the city planning will be put into scene on the different levels of the building. The service areas on the two sides of each floor, will be used for the maintenance of the museum.

分析——空间结构

在建筑物中心的广阔空地无疑是展示馆首先吸引人注目的地方，大城市模型很重要，它将会被安排在入口楼层。

很大的空间注定是为了吸引注意力突出空间的垂直性。

反映城市规划不同方面的主题区域将在建筑不同楼层的屏幕上显示出来。每层楼两侧的区域可用于展示馆的进行维护和服务。

04

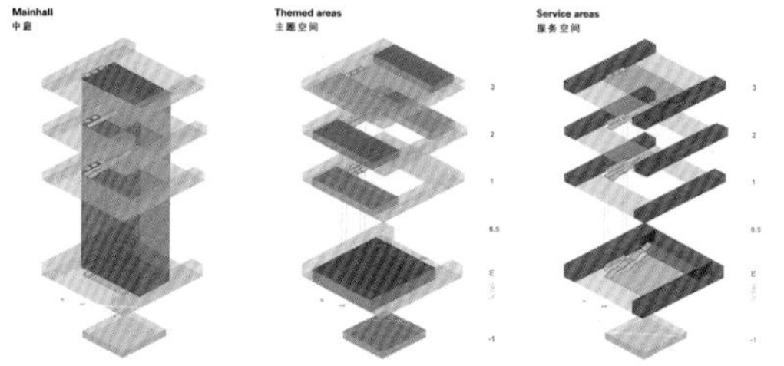

05

Design Concept

Circulation in the building

The circulation through the building initially was planned via four staircases in the corners of the building and the elevators on both sides of the hall. One negative aspect of this circulation system would be, that the visitor could not experience the open space while wandering through it.

For that reason we highly recommend to incorporate additional staircases and bridges into the scheme to join the levels. These attractive and open circulation allows the visitor to experience the enormous main hall on different levels and give view to the model out of different perspectives and levels.

While entering the museum the visitor can easily understand the route and find his way without reading additional signs.

建筑内流线

展馆内的流线起初设计经由建筑内角落的四个楼梯及大厅两侧的电梯。此种流线系统的一个弊端是参观者在闲逛时无法体会广大的空间。

为此，我们强烈建议在设计中在每层添加设置另外的楼梯及电梯。这样既吸引人的开放或流线使参观者在不同楼层都能感受到巨大的主厅，并可以从不同角度不同楼层欣赏模型。

进入展示馆后，参观者很容易就可理解路线而不用阅读其他指示。

06

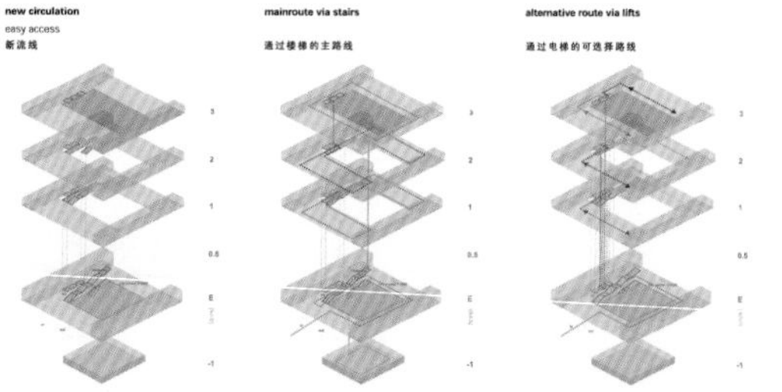

07

Level O – Mainhall – Kinetic City Model

We propose to use the enormous space above the model and create a 3 dimensional multi-level model, illustrating the major chances in the development of the city.

Important projects for the future cityscape will be displayed here above the big city model of todays Shenyang. The kinetic structure allows changes in the position of the models. In certain periods the models start moving down to the entrance level and a big futuristic show of the city of tomorrow begins.

The kinetic structure is linked to a big screen on the one side of the hall, where additional information can be communicated to the visitors

0层一主大厅一动态城市模型

我们建议利用模型上方的巨大空间，建造一个三维多层模型，表现出城市发展中的主要变化。

未来城市景观的重要规划将在今天的沈阳大型城市模型上方展示。动态结构要使模型可以在位置上有所变化。模型可以向下移动到达入口层，然后城市的未来展现开始启动。

动态结构要同大厅一侧的大屏幕连接，在那还可以向参观者传达更多的信息。

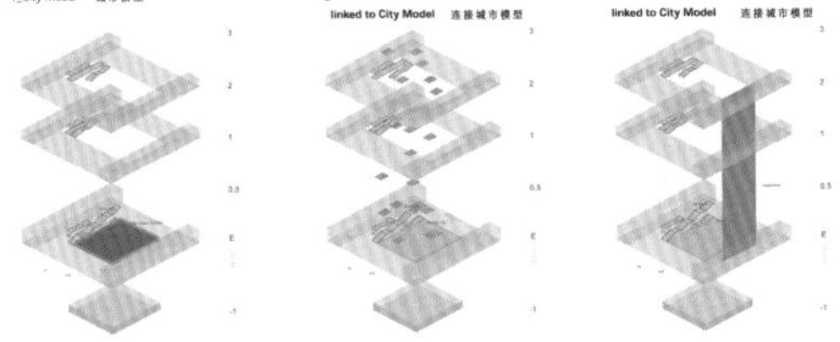

Level O – Mainhall – Kinetic City Model

As an organizing system of the exhibition content we choose a chronological structure. A vertical axis through the building would be created which leads the visitor through the exhibition

On the entrance level the city structure of today with the main attraction of the big model will be displayed. We highly recommend to expand the exhibition space and integrate the level below the model into the museum. Literally we bring the context of archeology and excavation into a spacial concept.

Below the city of today, the history of ancient Shenyang would be displayed. On the different floors above the big model we would show themes of the future, like thoughts and visions floating above our minds. The vertical timeline would so connect past present and future in an easy understandable way.

0层一主大厅一动态城市模型

作为展示内容的组织系统，我们选择按年代顺序排列的结构。建造一个垂直的轴贯穿整个建筑，指导参观者们参观。

在入口楼层将展示巨大模型---今天的城市。我们强烈推荐扩大展览空间，并将模型下的楼层融入整个展示馆中。将文化遗物和出土文物带到空间概念里。

在今天的城市模型的下面，将演示古老沈阳的历史。在巨大模型上的不同楼层，我们将显示未来的主题，使我们的思想穿越时空。垂直的时间线将会以很容易理解的方式将过去、现在及未来联系起来。

Shenyang City Planning Exhibition Hall
Design Concept

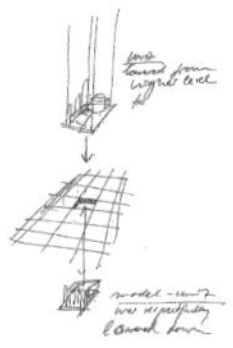

Level O – Mainhall – Show

Static mode

The prelude of the main show is created out of a statical arrangement of the models in the open space. While not moving the focus is laid on the big city model on the ground. The illumination of the model slowly changes and highlights different areas and important buildings of the city. Linked to these spots on the model, additional information to several projects is displayed on the projection surface on the wall.

Atmospherical moods like projections of the city skyline in changing weather (sun, rain, snow), day and night time or the climatic changes through the year are adding an atmospherical background to the model.

This part of the show focuses on the city of today.

0层一主大厅一展览

静态模式

主要展览的前奏是由开放空间中的一系列静态模型打造的。不用移动，焦点便落在地上的巨大城市模型上了。模型的照明慢慢变化并加亮以突出城市的不同区域及重要建筑。在模型上同这些点连接，会有另外的信息投影在墙上。

渲染的方式，如城市天际线在变化的天气（晴、雨、雪）投影、昼夜时间或一年中气候的变化等都加强了模型的艺术氛围背景。这部分展示集中在今天的城市。

Timeline through mainhall

通过主庭的时间轴线

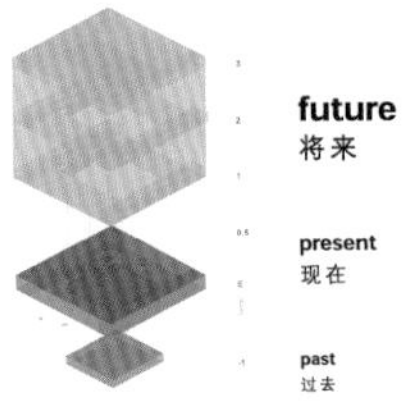

Static models of futuristic models in the open space above the big model of today.

在大型的城市现状模型上方
悬挂着静态的未来模型

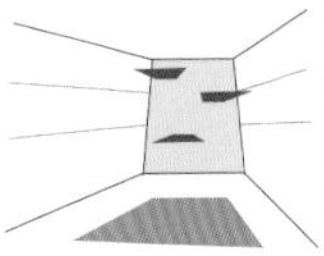

Shenyang City Planning Exhibition Hall
Design Concept

Level O – Mainhall – Kinetic City Model

The main attraction of the exhibition is created out of different spatial elements coming together in the main hall. At first there would be the big city model in a scale 1:1000 showing the present cityscape in its entirety.

On the levels above this model, fragments of the city of tomorrow will be hung down in a dynamic spatial arrangement. The main projection wall will be synchronized with the models telling an atmospheric story of the development of Shenyang. Every half an hour the light level changes and a 8 minute show begins. These three elements are creating an entire art-piece which displays the dynamic development of the city

The vertical motion of the models, the changes of night and daytime through different light levels and the atmospheric projection are representing an authentic image of the dynamical development of Shenyang.

0层一主大厅一动态城市模型

展示的主要吸引参观者之处是由主大厅中不同的空间元素共同打造出来的。首先，将有一个1:1000的巨大城市模型全面展示当前的城市景观。

在此模型上的几个楼层，城市明天的片段将以动态空间模式悬挂。主要的投影墙展示的照片模型将与生动的演讲同步来介绍沈阳城市的发展。每半小时灯光亮度变化一次，然后开始8分钟的展示。这三种元素力求打造完整的艺术氛围，展现城市的动态发展。

模型的垂直运动、在不同灯光亮度下夜晚白天的变化以及充满艺术的投影都在塑造沈阳动态发展的自信形象。

Shenyang City Planning Exhibition Hall
Design Concept

Level O – Mainhall – Show

Moving mode

After a certain time the suspended models begin slowly to move down towards the big city model. The general light level dims down and the light focus on the moving models. These models represent special projects, which will be built in the future.

While traveling down, images with explanations of the projects are projected onto the wall following the movement of the models. Coming to the level of the city model, the images starts merging with the city skyline of today. Meanwhile those parts of the big model start moving down, and are replaced by the future projects.

This part of the show demonstrates the merging process of the city of today and the city of the future.

0层一主大厅一展览

活动模式

在某一时间后，悬挂的模型开始慢慢向下朝巨大城市模型移动。大部分灯光亮度都暗淡下来，灯光都集中在移动的模型上。这些模型展现的是将在以后建设的专项规划。

当向下移动时，带有规划说明的影象会投影在墙上，随模型移动而变化。到达城市模型层时，形象开始同今天的城市地平线融合。同时，大模型的那些部分开始向下移动，被未来的规划所替代。

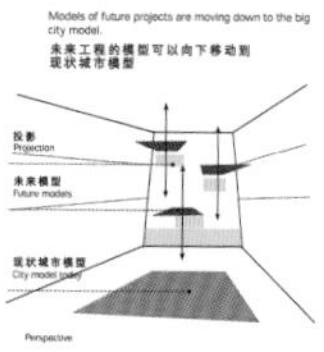

16

Shenyang City Planning Exhibition Hall

Design Concept

Level 0 – Mainhall – Show

Show mode
When the model fragments are settled down within the big city model, a big show starts. The spotlight is set on different zones of the model which are important for the future development of the city. Light change, sound and large scale images of the future planning are projected on the wall and are creating an impressive show of the future. Out of this show the visitor starts to create his own vision of the future city. This part of the show emphasizes on the city of the future.

0层–中庭–展示

展示方式

当模型片段在巨大城市模型中安定下来后，大型的展览便开始了。聚光灯照在模型的不同地带，这些地带是城市未来发展的重要部分。灯光变化，配合声音将大型未来规划形象投影在墙上，打造对未来的深刻印象。此展览结束后参观者便开始自由对未来城市的参观。

此部分展览强调未来的城市。

17

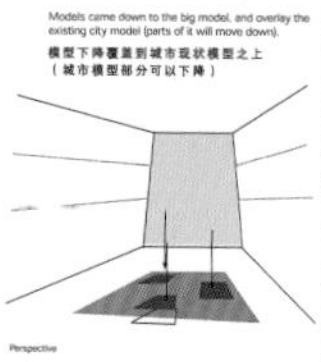

Models came down to the big model, and overlay the existing city model (parts of it will move down).
模型下降覆盖到城市现状模型之上
（城市模型部分可以下降）
Perspective

18

Shenyang City Planning Exhibition Hall

Design Concept

Night view of the model

A high tech illumination technology will bring the abstract model to live. Small LED lights inserted into the model will show traffic roads and let the translucent model gloom from the inside. Combined with the integrated lighting, the down light from above creates an authentic atmosphere of changing day and night time on the models.

During the night time, when the surrounding light dims down and the model itself starts glooming, a laser grid appears in the open space.
These light-lines show the visitor how the small models are connected with the whole city model. So the three dimensional grid will be an abstract matrix which connects present and future within the open space.

夜间视觉效果的模型

高科技的灯光赋予模型生命力，装在模型内的LED灯使模型上的道路交通发出朦胧的光。结合从上面而来的临时照明，使模型真正的在白天与黑夜的气氛中转换。

在夜景中，当四周的光线暗下来而且模型变得朦胧时，激光格子呈现出来。

这个光的线条展现给参观者，小的模型是如何连接到整个模型上的。在某一时间段可以将未来的景象呈现在开放的空间中。

19

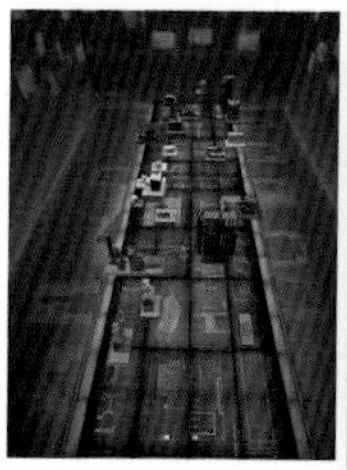

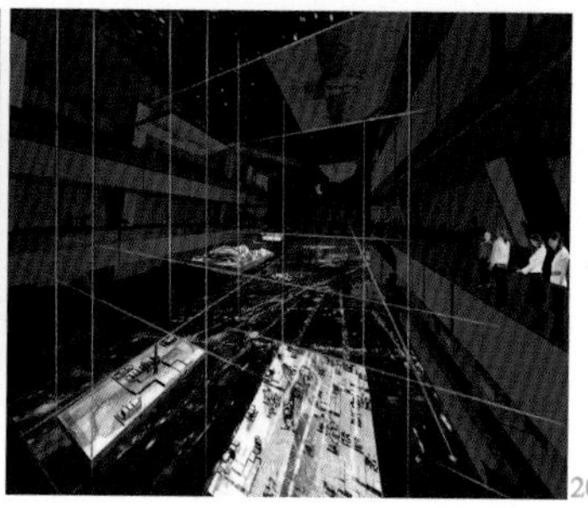

20

Shenyang City Planning Exhibition Hall

Design Concept

Level 1-3 – Mainhall – Interactives

„I Love my home"

The theme „I love my home" is placed on the galleries of each floor of the main hall. Through interactive tools like big telescopes the visitor can explore the model from the far. If the visitor keys in the direction of his home or any other region of the city, the telescope guides him visually to the adequate place on the model.

The real image of the model, which is seen through the telescope, is overlaid with further information. If requested, the visitor can start small films, animations or access real images of those parts of the city where he is interested in.

1–3层—主大厅—互动性

"我爱我家"

"我爱我家"这一主题安排在主大厅的每层走廊。通过互动工具，如大望远镜，参观者可以从远处清楚地看到模型。如果参观者键入他家的方向或者城市的任何区域，望远镜会在模型上直观地指导其适合的地方。

通过望远镜观察到的模型的真实形象，会伴随更多的信息。如果有要求，参观者可以启动小电影、动画片或了解他感兴趣的城市部分的真实形象。

21

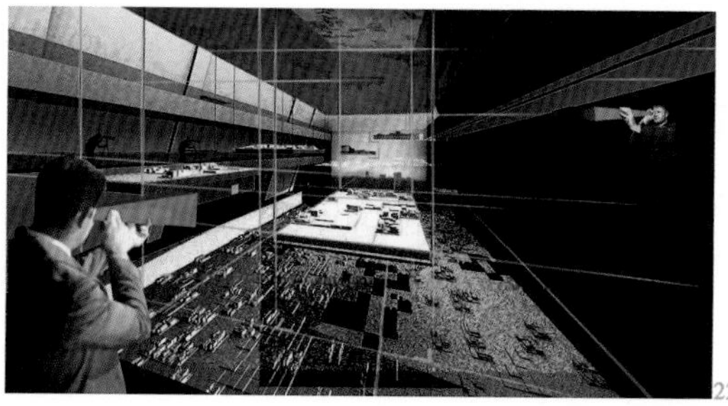

22

Shenyang City Planning Exhibition Hall

Design Concept

Level -0,5 – 3.0. Section through the themed areas

The principle of the building with the different theme exhibitions on each floor, allows an open route through diversified exhibition spaces.

Each thematic space is designed individually and shows a self contained appearance. So the visitor takes his way through an exiting arrangement of independent exhibition themes. Starting from the entrance level with an clear and rather neutral design, he gets into the first level with a more technical appearance.

The second level in contrast demonstrates a more emotional impression of different landscapes (the natural and the industrial). The third level with the temporary exhibition gallery and the county exhibition therefore is as well very flexible.

-0.5层—3层 贯穿区域的主题

这个建筑的基本原理是将不同主题的展区合理分布在每一层，用一条开放的路线穿过多元化的展示空间。每个主题区域分别有着其各自的外观，所以参观者可以按照他自己的意愿穿过各主题展区。

从一层开始，参观者随着一个清晰的指引进入第二层的高科技展示区域。
第三层与之形成对比，这里的景象更加引人入胜（自然和工业展区）。
第四层的临时展区和区县展区则显得灵活多变。

23

Level -0,5 – 3.0
-0.5至3.0层
section through the themed areas
主题区域剖面

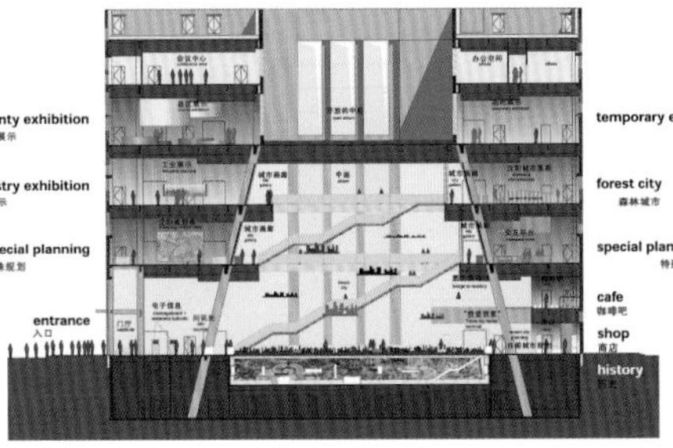

24

Shenyang City Planning Exhibition Hall　Design Concept

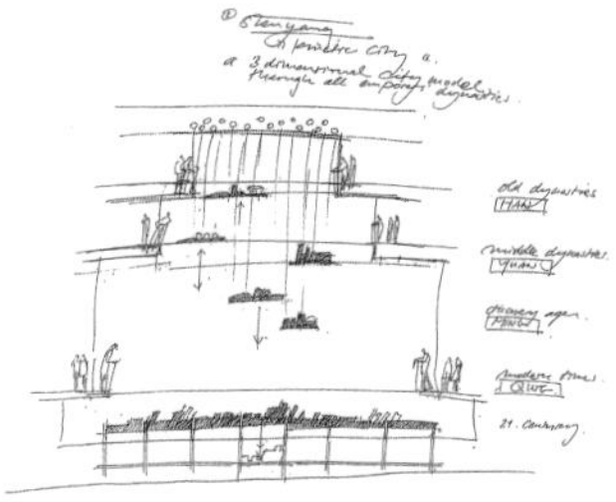

25

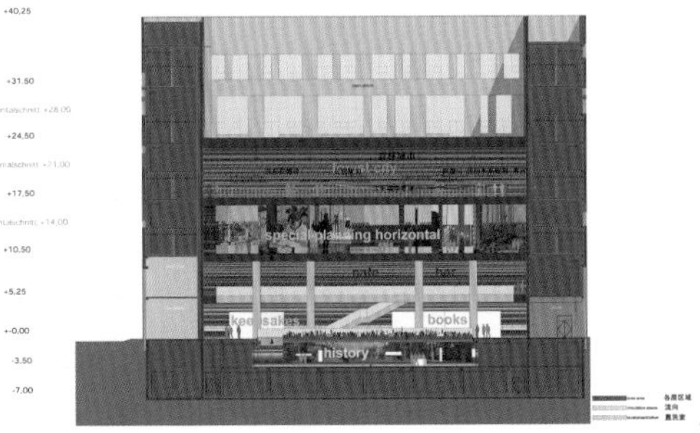

26

Shenyang City Planning Exhibition Hall　Design Concept

0层—入口+信息

展示馆的入口层利用可变形及多功能家具创造了明亮清透的氛围。具有多媒体工具的展示柜将展示内容通过容易理解的方法传达出来。

大的信息浏览器可演示由其他参观者输入的信息及想法。此层显示的信息是经常更新的新闻以及表现这样一个信息"未来从今天开始"。

主题：
1. 城市模型1:1000
2. "我爱我家"
3. 总体城市规划
4. 近期城市规划
5. 战略规划
6. 重要规划

Level O – Entrance + Information

The entrance level of the museum creates a light and clear atmosphere with flexible and multifunctional furniture. Display cases with multimedia tools communicate the content in a easy understandable way.

A big information ticker displays messages and thoughts typed in by other visitors. The information given on this level is always updated news and represents the message **„The future is today"**.

Themes:
1. City model 1:1000
2. „I Love my home"
4. General city planning
5. Recently City
6. Strategic planning
8. Important planning

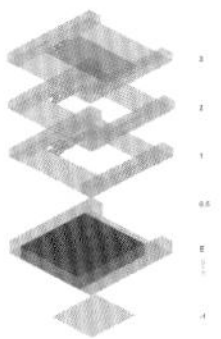

Theme Areas

27

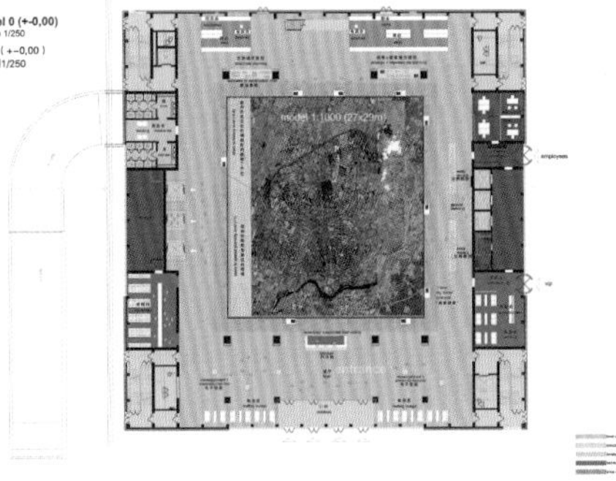

28

Shenyang City Planning Exhibition Hall　Design Concept

Level O – Entrance + Information
0层——入口+信息

29

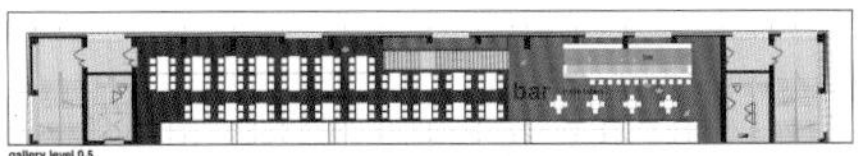

gallery level 0.5.
0.5层的走廊

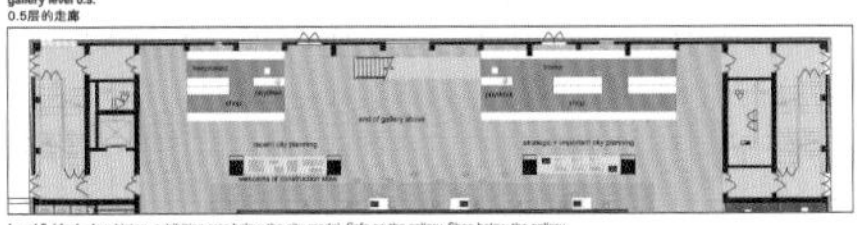

Level 0, ideal_plan: history exhibition area below the city model. Cafe on the gallery. Shop below the gallery.
0层，理念：历史展区在城市模型的下方，咖啡厅在走廊，商店在走廊下方。

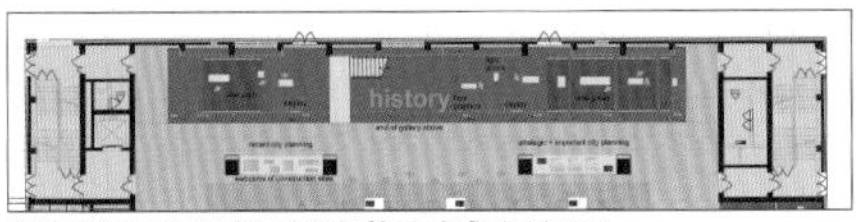

Level 0. Alternative_plan: small history exhibition area below gallery. Cafe on the gallery. Shop close to the entrance.
0层，可选择：走廊的下方有一个小的历史展区，咖啡厅在楼梯的上方，商店靠近入口。

30

Shenyang City Planning Exhibition Hall　Design Concept

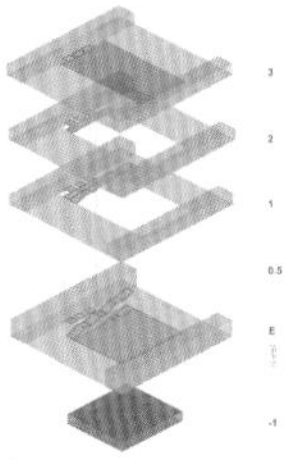

Theme Areas
主题区域

Level -0,5 – History and Culture

On the level below the big city model we want to create a highly atmospheric space where the visitor can experience the history of Shenyangs development.
The atmosphere of the space is rather dark, highlighting an interactive floor map. Here the visitor can trigger different periods of city development. The scale of the map is 1:1000 like the big city model above, so the visitor can easily compare the sizes of the city and the enormous growth through the different periods. Superimposed with the floor map, important historical buildings are shown as models, surrounded by panoramic views of the ancient city.

-0.5层——历史及文化

在巨大城市模型下层我们想打造一个有浓厚艺术氛围的空间，在这参观者可以感受到沈阳发展的历史。

此空间的氛围有点暗色，灯光照着一幅交互式的楼面地图。在这参观者可以看到城市发展的不同时期。地图的比例尺是1:1000，与上面的大城市模型相同，这样参观者可以很容易比较城市的规模和几个时期以来的成长。有阶层的楼面地图上，重要的历史建筑均以模型显示出来，被古城的全景画所包围。

31

Level -0,5 – History and Culture
level 0.5沈阳历史及文化

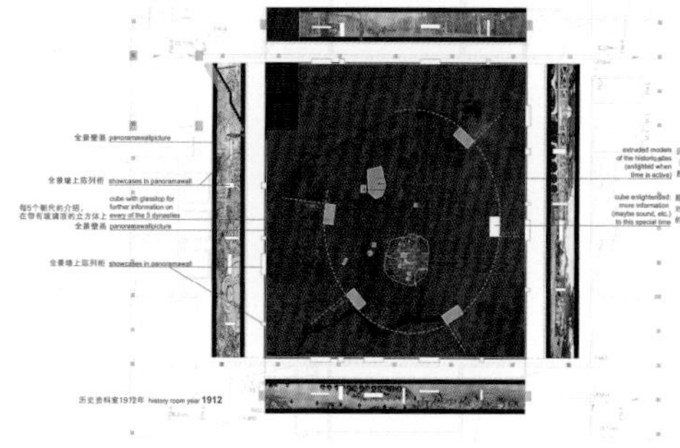

32

Design Concept

Qing dynasty
清朝

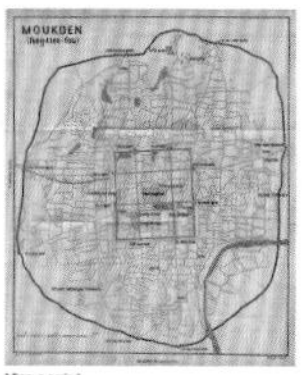

Minguo period
民国时期

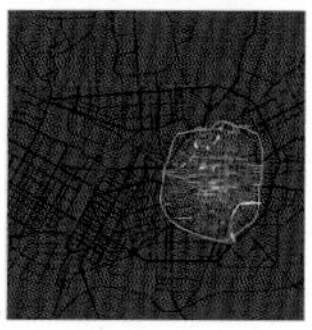

The old on the new plan
新旧城市对比

Themes:
• Historical floor map
historical development of the city Shenyang
206 bc - 220 Han dynasty
1271 - 1368 Yuan dynasty
1368 - 1644 Ming dynasty
1644 - 1911 Qing dynasty
1912 - 1945 20 century
• Interactive infostations for the chosen five stages
• Models superimposed over map
important historical buildings
One palace and two mausoleums
Four towers and seven temples
Great buildings and historical districts in modern tim
• Panorama wall
historical panoramas with integrated showcases

主题：
历史楼面地图
沈阳市的历史发展
公元前206年–220年，汉朝
1271–1368年，元朝
1368–1644年，明朝
1644–1911年，清朝
1912–1945年，20世纪
•选择的5个阶段的互动信息台
•地图上叠加的模型重要的历史建筑
一宫两陵
四塔七寺
现代的宏伟建筑及历史区域
全景墙
•有综合展示柜的历史全景

33

34

Design Concept

Level 1 – Special Planning Exhibition Area_"the horizontal city"

The first level of the exhibition contains the theme area „Special Planning". The city structure is split up into different functional zones like industry, parks, houses and public buildings which are separated into different pieces like a puzzle. The horizontal fragmentation of the city creates different interactive parts which are providing background information to the visitor. As a reference to the whole city, an integrative model shows all parts together.

1层——专项规划展示区"水平的城市"

第一层的展览包括主题区域"专项规划"。城市结构分成几个功能区域，如工业、公园、住宅及公共建筑，像拼图分成不同的几块。城市的水平分区构成了不同的交互部分，为参观者提供了背景信息。作为整个城市的参考，一体模式展现了所有部分。

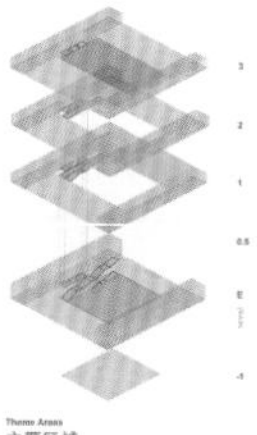

Theme Areas
主题区域

35

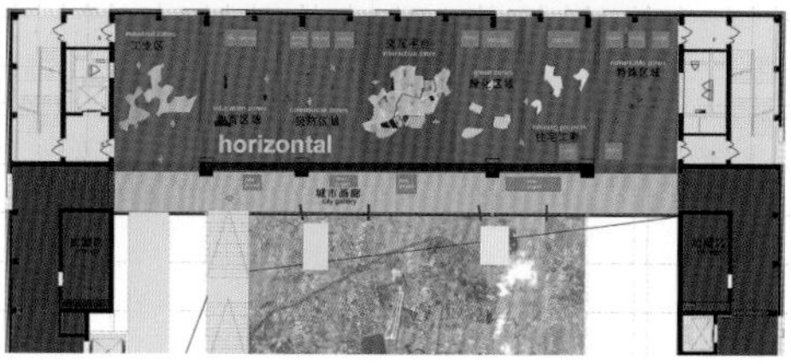

36

Design Concept

Level 1 – Special Planning Exhibition Area_"the horizontal city"

Themes:
• one integrated model showing all parts
• interactive parts
industrial planning
park planning
housing projects
public establishment position planning

主题：
•完整模式显示所有部分
•交互式的部分
工业规划
公园规划
住房规划
公共设施位置规划

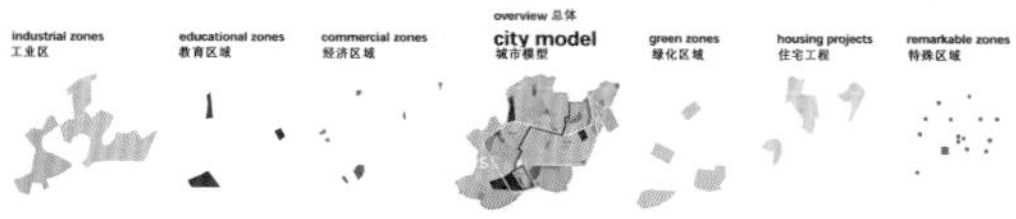

37

38

Design Concept

Level 1 – Special Planning Exhibition Area_"the vertical city"

On the other side of the first level, we show the city as a network out of different technical structures. The city structure is divided into layers which are exploded vertically and displayed in a row. From both ends the visitor can see all layers as an overlay, representing the complex network system of the entire city. Walking through the different layers, he gets further information about each single layer . The row starts with a real model and ends with a innovative layer, where all the layers are virtually superimposed.

1层—专项规划展示区—"垂直的城市"

在第一层的另一边，我们利用不同的技术结构展现城市是一种网络。城市结构划分成许多层次，垂直的分解开并成一列展开。从两端参观者可以看见所有的层次重叠，体现了整个城市的复杂网络系统。漫步在不同层次间，参观者会进一步发现每一单独层次间的更多信息。层次列由一个真实的模型开始，由一个创新的层次结束，所有的层次实际上都是重叠的。

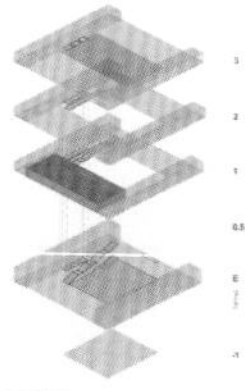

Theme Areas
主题区域

39

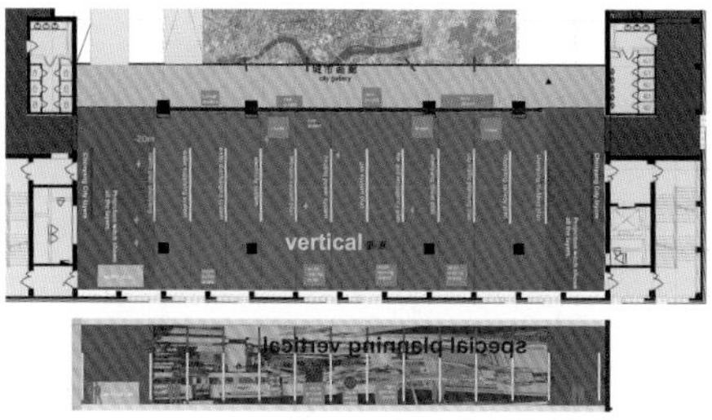

40

44

Design Concept

Level 1 - Special Planning Exhibition Area_"the vertical city"

Themes:
- supplying, transportation and communication layers/network of the city
- special traffi c planning
- planning of the special management

1层一专项规划展示区一“垂直的城市”

主题：
- 城市的供应、交通及通讯层/网络
- 专项交通规划
- 专项管理规划

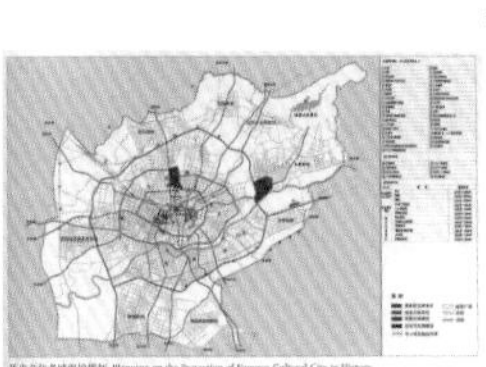

历史文化名城保护规划 Planning on the Protection of Famous Cultural City in History

沈阳地铁网络图
metro network of Shenyang

城市的层次
layers of the city

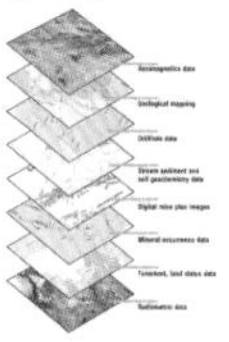

41

Design Concept

Level 2 - Forest City

The theme „Forest city" will be displayed on the second floor of the exhibition. This space creates an atmospherical impression of natural landscape. The floor is filled up with thousands of small green light tubes representing the planted trees within the city. The surface is shaped like a hilly forestal landscape with cut in pathways for the visitors route. On the dynamically shaped surfaces the models of different projects are displayed. The approach to the models is a zoom in into different scales of planning. From macro level like the ecological planning strategy for green-zones in the greater Shenyang area the visitor approaches through the micro level of smaller projects like „world horticultural exhibition". Interactive screens beside the models give deeper information to the visitor.

2层一森林城市

“森林城市”这一主题将在展示馆2楼演示。此空间旨在打造自然景观的艺术氛围印象。地面堆满了成千上万的绿色发光柱，象征着城市内种植的树木。表面是小山形状的森林景观，有供参观者走的通道。在动态形状的模型表面播放不同的投影。制作模型的方法是将规划的不同比例进行图像放大。从宏观展示沈阳地区进行绿化带的生态规划战略，参观者接近的是小型的如“世界园艺博览会”规划的微缩平面图。在模型边的交互式屏幕可帮助参观者进行深入的了解。

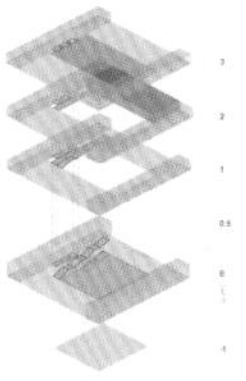

Theme Areas
主题区域

45

Level 1 - Special Planning Exhibition Area_"the vertical city"
1层一专项规划展示区一“垂直的城市”

42

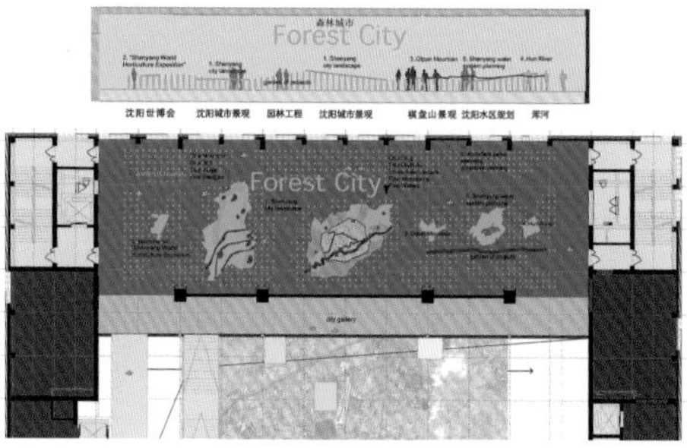

46

Design Concept

Level 1 - Special Planning Exhibition Area_"the vertical city"
1层一专项规划展示区一“垂直的城市”

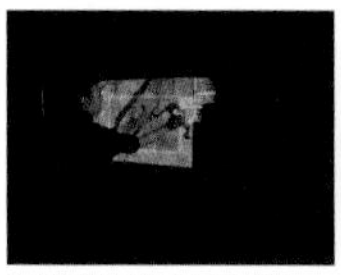

interactive screen with the different »city layers«
不同层的城市互动演示

interactive screen with the different »city layers«
不同层的城市互动演示

43

Design Concept

Themes:
- Shenyang city landscape

frame construction of ecolocical system
central urban zone
- Shenyang water system planning
- projects

Shenyang World Horticulture Exposition
Qipan Mountain international scene area planning
Hun river planning
Shenyang is reputated as a forest city as its total area of green space is up to 99 square kilometers and per capita public green space 9.8 square meters.

主题：
- 沈阳市景观

生态系统框架结构
中心都市带
- 沈阳水系规划
- 方案

沈阳世界园艺博览会
棋盘山国际风景旅游区规划
浑河规划
沈阳因其绿化空间达到总面积99平方公里以及，空间9.8平方米而享有森林城市的美誉。

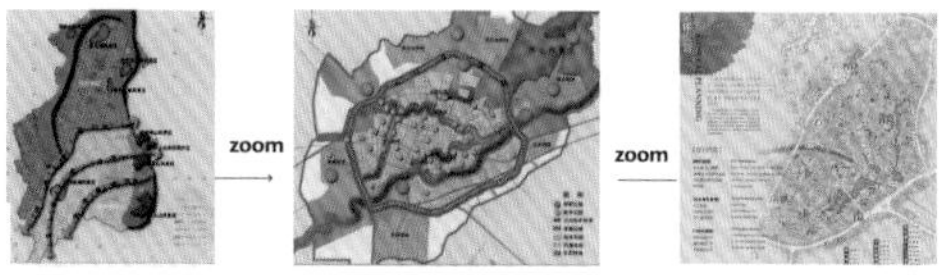

47

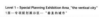

48

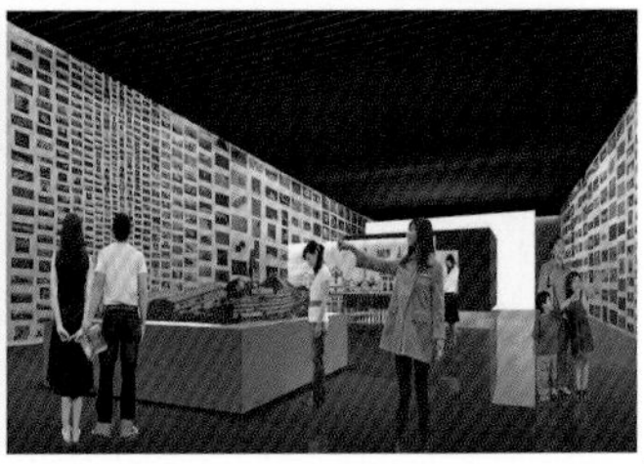

52

Shenyang City Planning Exhibition Hall | Design Concept

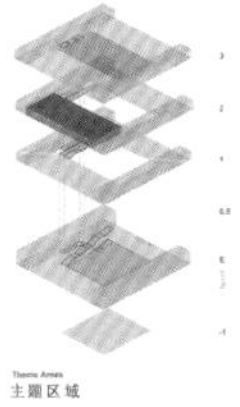

Level 2 - Exhibition Area of Industry development

The other theme which is placed on the second level is „Industry Development". The historical development of the industry within the city is shown through cubic elements. Like the growing surface of the industrial areas through the different eras, the cubes are growing in size and are dominating the space. In the bigger cubes the visitor can walk in and experience big projections, the others function like big display tables where models are put into scene. On the side walls thousands of smaller historical images are shown to give a chronological overview over the industrialization process and its influence on the whole city.

2层——工业发展展示区

在2楼展示的另一主题是"工业发展"。城市工业的历史发展由用立方柱体展示出来。如同不同时代工业区的成长一样，立方体也在尺寸上有增大并且占据着空间。在大些的立方体内，参观者可以走进去体验大的影像及其它功能，如大的演示台，在这模型都成为一景。在侧墙上有成千上万的小型历史影像，展示按年代顺序的工业化进程及其对整座城市的影响。

49

Shenyang City Planning Exhibition Hall | Design Concept

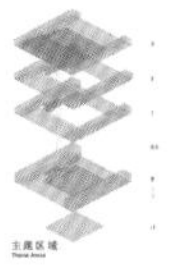

53

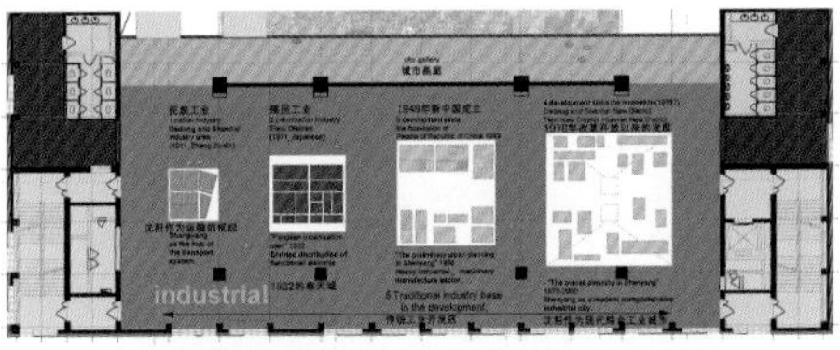

50

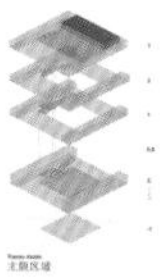

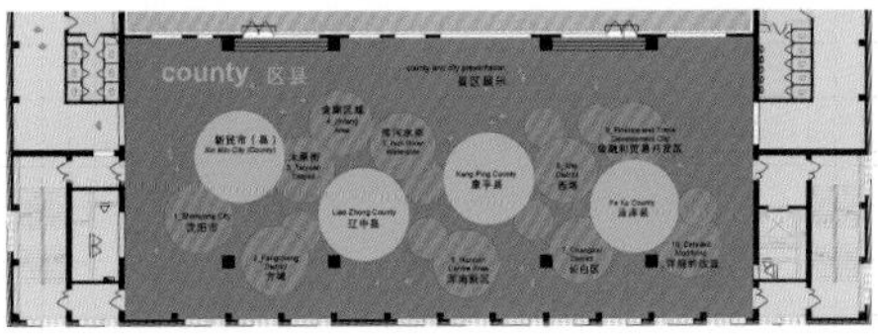

54

Shenyang City Planning Exhibition Hall | Design Concept

Themes:
- nation industry
Dadong and Shenhai industry area (Zhang Zuolin)
Shangyang as the hub of the transport system.
- colonization industry
Tiexi District (Japanese)
„Fengtian urbanisation plan" 1932
Divided distribution of functional districts
- development since the foundation of P. R. of China
„The preliminary urban planning in Shenyang" 1956
Heavy industrial _ machinery manufacture sector.
- development since the inovation

主题：
·民族工业
大东及沈海工业区（张作霖）
沈阳作为交通系统的枢纽。
·殖民工业
铁西区（日本人）
1932年"奉天都市计划"
划分城市功能区
·自从1949年中华人民共和国成立以来的发展
1956年"沈阳最初的城市规划"
重工业——机器制造方面
·改革以来的发展
大东及沈海新区、铁西新区、浑南新区
1976–2000年"沈阳的全部规划"
沈阳成为现代全面的工业城市。

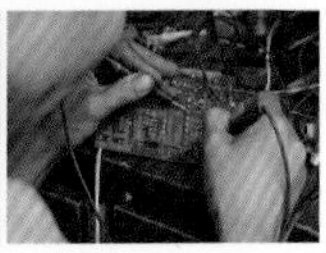

51

Shenyang City Planning Exhibition Hall | Design Concept

Summary

The Shenyang urban development exhibition could be more than only a planning site in combination with historic artifacts and ambitious story telling. It could become an heritage centre with the function to animate the visitors to explore the historic areas like mausoleums and emperors palace and to catch the spirit of the city. Furthermore it will become a place where the future starts getting reality and the visitor begins to create his own image of the city beyond today. The museum will bring together the past, present and the future of the city in a modern and attractive environment. The additional circulation will lead the visitor on a predefined route through the building exploring the big open space in the centre of the building as its main attraction. We strongly recommend to take the chance of these interferences within the building to explore the whole potential of the model next to it.

If the placement of the history area below the big city model is not possible out of any case, we provide another solution where the history is placed on the entrance level.

总结

沈阳市城市规划展示馆将以史料配合豪迈的历史讲述的方式进行展示，它不仅仅将成为一个介绍规划的地方。它更将会成为功能性的遗产中心，鼓舞参观者探究像一宫两陵这样的历史遗迹并且再现城市的精神。另外，它还将成为体现未来生活的地方，能够使参观者基于今天的成就来创造城市未来的形象。展示馆能够在引人入胜的环境下将城市的过去、现在及未来一起呈现出来。另外，清晰的流线系统也将引导参观者在预定的路线上欣赏位于建筑中心处最引人注目的开敞空间。我们强烈建议把握这些建筑内的冲突感，以便于人们探究临近的模型所展示出来的无穷潜力。

如果在巨大城市模型下方不能够设置这样一个历史区域的话，我们会提供另一个方案，将历史区安排到入口楼层。

55

■ 布展手法运用：

1、陈列展示：图文展示、沙盘模型、电动地图、模拟实景、场景复原等。

2、艺术品展示：雕塑、油画、国画等。

3、高科技技术：视屏影像、幻影成像、语音定向、声控技术、多媒体技术等及其他新技术手段。

■ 高科技技术手段运用：

本馆的设计中，我们运用目前国内外规划展示馆布展设计中较流行的声、光、电集成技术，包括视屏影像、幻影成像、语音定向、声控技术、多媒体技术等高科技手段来全方位、多视角反映沈阳城市规划和建设。

导视系统

声聚焦式扬声器

· 突出清晰音质

通过结合能够提供明快立体分离生动热点的Dual-Parabolic™(双抛物线)的圆顶技术，SoundTube FP扬声器系列产品才取得了如此显著的清晰效果。

· 保护听众

SoundTube FP扬声器在向听众折射声音时比耳机显得更加安全，它不存在对耳朵造成不利健康的直接潜在爆破因素。另外，听众无需佩戴或以其它方式接触扬声器就能听到清晰音质。

· 引领声聚焦技术

只有SoundTube公司完全拥有Dual-Parabolic™（双抛物线）的分散控制专利技术，它以线性柱状控制形式进行精确聚声。

Dual-Parabolic™的性能确保了SoundTube FP扬声器能够聚集明快的声音到一个单点，从而服务于个人或群体听众。

· 拓展声学领域

致力于提升工程技术和先进设计的美国[声特]SoundTube公司具有创造性产品和真正代表客户利益和定量价值的品牌。

从一开始，SoundTube公司就选择应用了声聚焦式的独特声学挑战和推进扬声器科学。从需要清晰音讯的公共场所到私人小卖场，从零售到餐饮，娱乐到教育，安全到体育，SoundTube扬声器都聚集了性能、简易安装、时尚和价值的一套新型标准。

FP系列	FP6020	FP6030
系统类型	2x25mm高指向性	2x25mm高指向性
频率响应(-3 dB)	143Hz-21.5kHz	143Hz-21.5kHz
低频(-10 dB)	104Hz-22.0kHz	104Hz-22.0kHz
均方根RMS/最大功率	15W	15W
最大声压(dB @ 1W RMS)	92.5dB立体声/95.5dB单声道	92.5dB立体声/95.5dB单声道
覆盖角度(-6dB @ 2kHz)	43°（平均）	41°（平均）
覆盖角度(-6dB @ 10kHz)	50°（平均）	48°（平均）
驱动器	2x1"铝凸状	2x1"铝凸状
输入	硬引线	硬引线
颜色	透明圆顶，黑色附件	透明圆顶，黑色附件
直径	514毫米/20.25英寸	781毫米/30.75英寸
高度	223毫米/8.75英寸	333毫米/13.1英寸
重量	2.5公斤/5.5磅	4.1公斤/9.0磅

· 快捷接线方式

为便于系统接线，每一个新的FP扬声器都采用硬引线，可选性变压器适用于分布式系统。

· 快速安装特征

简易安装和明朗外观得益于单点式平衡装备特征，每一个扬声器都有电缆悬挂支架，轴衬和硬引线。

· 铝圆顶驱动器

新的FP扬声器采用两个1"的铝圆顶驱动器创造全频立体声和单声道音质，每一个都具备了ZeroReflection（零反射）的箱体专利技术，贯穿音谱，实现了最清晰的声音效果。

· 可转接式高通滤波器

对于特殊语音传讯和低噪音环境水平的应用，新的FP型产品具备了一个可以通过激活按钮阻止低频音波溢出的高通滤波器。

· SoundSleeve™图形选择

为达到商牌的高可见度，SoundSleeve™可在越过FP散开圆顶处一个听觉式透明盖上为客户量身订做任何图形组合、标识或影像。

高科技技术应用(一)

音响

1、实施效果——采用世界著名品牌先进的高保真顶级音响成套设备，全方位保障展览演示过程的需要

· 根据国家广电部颁发的（GYJ25-86）《厅堂扩声系统学特征指标》规定，达到一级声学指标

· 采取隔音、吸音材料处理，解决声音混响问题

2、项目特点

· 可靠性：系统具备长期稳定工作的能力，所有选用设备均符合我国或国际上的质量及可靠性标准

· 实用性：系统具备完成工程所要求功能的能力和水准，符合本工程实际需要并且操作方便

· 一致性：系统遵循开放系统的原则，依据技术指标的一致性、互换性选定设备，具备良好的灵活性、兼容性、扩展性和可移植性

· 经济性：系统能满足性能与价格之比，达到最佳性价比的设备

触摸电脑查询机

1、实施效果—追求最大信息量、快速、准确查阅展览内容

· 提供最大信息量的展览内容给观众查阅

· 观众可根据自己的需要快速、准确查阅展览内容

· 增强了展览与观众的互动效果

2、触摸电脑查询机硬件：

· 全智能化无需人工干预，自动/定时开关机功能

· 机柜结构化内部设计、独立通风散热系统、电源控制系统

· 立体声音箱、耳塞机、音量调控、防磁、网络接口

3、触摸电脑查询机软件：

· 展示丰富的展览多媒体内容

· 全面的表现素材（可包含图片、文字、表格、声音、音乐、影像等）

· 软件多用途，可作为多媒体投影仪系统、多媒体光盘演示系统、多媒体储存资料光盘等

灯光

1、实施效果——选用当今最先进的全彩激光灯、摇头电脑灯、CMY无级混色染色灯等各类专业灯具，营造"城市变迁"所需的各种特殊光环境效果

· 采用数字化技术对灯光、音响和电气系统进行同步控制，从而实现声、光、电一体化智能控制

· 采用散光、柔光、追光、激光等成套的专业灯光系统，在智能控制下，艺术化处理展示场景中的各种特殊幻化场景的灯光效果，从而真实地再现"城市变迁"

· 用灯光多方面营造展示馆的气势和文化氛围，体现"城市规划"的专业特质。

2、项目特点

· 本方案的设备都是按照"城市变迁"总体效果需要量体度身选用的国际著名品牌的专业智能化灯具，具有极高的稳定性和可靠性。

· 具有强大的功能，灵活的使用界面和系统扩展能力强。

· 采用高科技的电脑控制台，具有各种多功能接口，按照预先设定好的演示程序，实行声光电同步功能

· 利用灯光亮度、色彩、分布和移动，不断变换各种图案和色彩，达到完美的艺术效果。

高科技技术应用(二)

■ 合理的照度设计

规划展示馆布展空间以人工照明为主，展品表面照度一般在200~2000Lx之间，馆内基本照明与展品照明的亮度对比以1：3为宜，展柜内照度为基本照明的2—3倍，展台实物照明以侧逆光来强调其展品的立体感，为使大量文物不受损伤，陈列照明光源尽量避免紫外线光，展品陈列照明避免眩光。

合理照明

沙盘场景及升降沙盘、投影的动态演示

1、实施效果—追求真实的展示场景与数码影像的有机结合而动感地展示出城市的变迁。

· 用高科技的手段，动态的反映城市沙盘的动态效果。

· 在展示中采取动静结合的手法，使场景与观众产生互动。

· 根据城市沙盘资料，采用多媒体工控组态专用计算机，国家标准自动化控制模块，触摸屏，大屏幕，AV系统引入舞台灯光音响等高科技手段再现。

2、沙盘场景描述

· 音响：采取配乐解说，录制解说词，编入带有强烈时代感的效果音响资料对城市变迁进行渲染，增强震撼力。

· 灯光：采用先进的电脑灯具及传统舞台灯具，表现城市的巨变，动，静增强感染力。

多画面自动展示系统

1、实施效果——在有限的展示空间里，通过画面的自动控制转换，尽可能，多地显现当时的历史照片等图片资料。

· 突出详实地反映沈阳的今昔巨变。

· 增加观众对场景的可视性和互动性

2、项目特点：

· 滚动展示多幅画面，增加场景中动的感觉和大信息量的视觉效果

· 不需用人操作、自动变换、此技术成熟可靠

· 安装方式：有落地、挂墙、横向、竖向多种形式可选择

等离子屏幕

1、实施效果—追求高画质、大信息量的滚动播放展览内容。

· 丰富多彩的画面，解说词与背景音乐的最佳结合，滚动播映的高科技显示屏，

· 当今展览中常用的高画质专业的显示方式，

· 以求最大信息量的展览内容传达给观众，

2、项目特点：

· 全真数字系统：数字信号处理技术，确保图像的精确还原，确保完美的音质效果，

· 遥控操作：可使用随机提供的遥控器操作各项功能，

· 安装灵活：显示屏幕可用吊架水平或垂直安装在墙上或天花板上

演示系统

第二章　3DMax/V-Ray 居室空间设计及工程实例

本章重点

1. 了解居室空间的产生、发展及分类。
2. 掌握居室空间设计的基本要求。
3. 掌握居室空间内部各个子空间的建模及渲染要点。
4. 熟练操作 3DMax/V-Ray 进行居室空间的建模及渲染。

学习目标

通过本章的学习，了解居室空间设计的特点和设计重点，能够熟练操作 3DMax/V-Ray 的各类命令，并掌握居室空间建模的尺度和灯光材质等设置的方法。熟记操作命令的参数设置。

建议学时

4 学时。

第二章　3DMax／V-Ray居室空间设计及工程实例

第一节 ///// 居室空间设计概述

一、居室空间的产生和发展

居室空间是人类生存环境中最早形成的空间形态。居室空间，实际上就是我们通常所说的家的空间。居室空间是人们休息、生活、学习、娱乐、工作、会客、交流的相对较为私密的空间。远古时期，人们的居室空间是可供栖身躲避猛兽的山洞，或半地下的草棚，又或是浓密树冠围合而成的树屋，这些是人类为了抵御寒冷或躲避猛兽袭击用于满足栖身等基本生理要求。随着生产力的进步和社会的发展，人们已经不仅仅局限于简单的生存需求，而是追求更安全、更合理的居住空间，古代埃及出现了原始的院落群居，古代中国逐步由传统的院落演变为四合院的居住空间。

科学技术发展到今天，安全和合理已经不能满足人们对居住空间的需要，舒适、温馨、多功能、全方位的居室空间不仅包含了人类对物质的追求，更重要的是包含了对精神的追求。远古时期的人们利用钻木取火的方式得到火把，部落群居抵抗夜晚野兽的袭击，度过漫长的黑夜；封建社会时期，人们发明了蜡烛，制作了灯笼，蜡烛的出现使人们不再围坐在火堆前，而是由群居的院落逐渐转为家庭的户牖，宫廷内大量使用蜡烛进行照明，使得居住空间的尺度变大，不再受到阳光照射长度的限制；封建社会后期直至民国时期，人们开始使用火柴和煤油灯进行照明；现代社会，电灯的发明彻底照亮了人们的生活。

二、居室空间的分类

通常，居室空间按空间大小可以分为小户型居室空间、中档户型居室空间、大型及别墅居室空间。

1.小户型居室空间通常是指小于65m^{2}的居室空间类型，很多公寓式住宅属于小户型设计，麻雀虽小，五脏俱全。小户型居室空间包含的空间内容并不少，只是很多设计项目被合并和整合到一个空间中。通过立体式地使用空间，使得空间更加紧凑，节省很多空间用来满足储藏需要，可以说将居室空间的功能性发挥到极致。

2.中档户型居室空间是大多数业主选择的目标，65～138m^{2}的空间范围能够满足一个家庭的基本需要。同时，还能有较为宽敞的空间满足休闲和业余爱好，例如养花、养鸟、养鱼、棋牌、视听等休闲空间。

3.大型及别墅居室空间在我国属于豪宅范畴，是指大于140m^{2}的空间。大型居室空间通常会有非常详细的空间规划，不仅提供一个家庭的基本生活用房，还包括佣人房、保姆房、管家房等服务人员空间。通常，大型居室空间还含有露天的花园或泳池、车库等室外空间，需要一并进行设计。

三、居室空间设计的要求

现代居室设计主要的服务对象是居住的业主，设计的目的是给业主提供一个满足其自身希望的、舒适的、安全的居住环境，要在相对有限的空间内达到功能和形式的统一，并且最大限度地满足居住者的使用需求。由于居住者的不同，室内居室设计风格千差万别，形式各异。作为居室空间设计的创造者——设计师，需要有足够的工作经验和想象力，针对不同客户的居室空间设计要求，创造出令业主满意的设计作品。如图2-1-1所示。

居室空间的设计要求主要包括居室空间的安全性、私密性、舒适性。

1.安全性

安全性是居室空间设计的首要条件，没有安全感的空间是任何人都不愿意居住的。大多数居室空间在建筑建设时期都会有建筑图纸，对于有

图2—1—1

些业主要求的改造项目，应查阅建筑图纸之后，再进行改建和改造，每一次对墙体的改造，都会或多或少地对建筑的安全性造成一定的伤害，对住宅建筑的稳定性和抗震性都会造成一定程度的破坏。

另外，安全性还包括装饰材料的防火性。在进行居室空间设计时，应充分考虑材料的阻燃性能，尽量选择防火性能好的装饰材料。居室空间中存在衣物、被褥、窗帘等易燃的软装饰和必备生活用品，防火性好的阻燃材料能够降低燃烧的速度。防水防滑也是居室空间重要的设计原则，浴室空间应选择防水性能较好的墙面和天花材料，地面应选择低渗透率的瓷砖或石材。在选用石材时应注意将石材做防滑处理，以免遇水造成湿滑导致居住者受伤。

出于安全的考虑，还应注意电器的使用情况，应与业主提前沟通电器种类，选择合适的电线，确保用电安全。一般住宅用不小于$2.5mm^2$的铜线作为主线，特殊电器如大功率空调、微波炉、电烤箱等，选用$4mm^2$的铜线，以保证正常用电负荷。

最后，在设计施工过程中，要注意使用环保的绿色材料，目前市场上出售的某些装饰辅材是含有甲醛、挥发性极强的胶合剂等非绿色建材，这些材料的使用会对人体造成看不见的无形伤害，长期摄入可能会造成人体免疫系统损伤或死亡。因此，居室空间设计要求设计师和施工人员充分考虑各方面的安全问题，避免上述问题的出现。

2.私密性

私密性也是居室空间设计独特的设计要求。与其他空间相比，居室空间使用人群的范围通常限制在以家庭为单位的几个人，而其他空间相对来说使用的人群比较不固定，而且大多属于公共空间的设计范畴。居室空间是人类生活休息的地方，人生三分之一的时间是在床上度过的，也就是说，居室空间的利用价值要远远超过其他空间。特别是现代文明社会的发展，快节奏的工作方式，使得人们越来越重视居室空间的设计，保证有足够的私密性用来放松身体和精神的双重压力，是设计的首要目的。

不论儿童、老人还是青年，都需要相对独立的居室空间，因而设计中要考虑不同类型的业主居住空间的需要，设计合理的空间规划布局显得尤为重要。在居室空间设计中，既要考虑休闲空间的公共性，例如客厅、餐厅、厨房等，还要考虑各个年龄层的卧室分配和朝向问题，更要考虑卫生间、书房、储藏间、衣帽间等空间在使用过程中的交叉使用等问题。在具体布置中，应将老人房布置在书房附近或远离主卧及儿童房，因为老人的作息时间一般与年轻人不同，容易形成声音的干扰。另外，儿童房与主卧应临近布置，方便父母随时照看儿童。现在很多居室在建筑设计时就已经考虑到私密性的问题，因此在空间条件允许的情况下，设置主卧卫生间和客用卫生间，这也是出于私密性的考虑，是非常人性化的设计。

此外，对于特殊人群的居室空间设计还要考虑对周围邻舍造成的噪声问题，对于一些特殊职业，例如乐器弹奏、歌唱、影音艺人等对空间回声要求较高的人群，应在空间中设计隔音装置，有利于保护其私密性。现代社会，人们的业余生活非常丰富，电视、电话、冰箱、洗衣机、音响等生活辅助电器和休闲娱乐电器帮助人们减轻了生活中的繁重重复性劳动，并且给人们带来轻松的娱乐休闲方式。在居室空间设计中，应注意这些电器的摆放位置，避免噪声干扰日常生活，避免不合理的摆放影响家务的操作，应选择合适的空间和方位，便于人居流线的设计。

3.舒适性

舒适性的原则往往体现在视觉的舒适上，人们通常对视觉的色彩搭配和形态非常敏感。居室空间中，墙面的颜色、肌理效果与地面的材质以及家具的色彩和质感等，共同构成了空间的有机整体。设计师对整体色彩的把握是非常必要的，居室中众多的材质和肌理需要靠色彩的统一和对比表达空间的平衡。另外，色彩和灯光的冷暖也是影响居室空间舒适性的一个重要因素。适量的暖光源能够带给人温馨的感受，这是由于人类接触的太阳光红色波段相比蓝色波段较长的缘故，而暖光源正是模拟了太阳光，因此使人们感到温暖、舒适。书房及衣帽间需要中性的光源，以更好地还原空间的环境色彩。墙体、天花、地面的色彩相对朴素，能够营造出幽静的学习工作环境。要想实现居室空间设计的舒适性，还应该依照人体工程学的标准对空间进行设计，特别是对空间内形体的尺度进行设计。人们在室内的活动范围、活动周期、活动伸展需要的尺度数值，都是居室空间设计应考虑的因素，应选择适合业主坐、卧、站、立、走等日常生活行为的生活尺度，参考居室建筑空间的大小，并由此确定家具的尺寸和日常生活用品的尺寸。如图2-1-2所示。

图2-1-2

第二节 3DMax/V-Ray居室空间设计的要素分析

一、客厅/起居室

客厅通常是用于接待家庭成员以外的来宾的环境空间，是进行交流、会客、沟通的场所。起居室是家庭成员共同使用的公共空间，是进行休闲、娱乐、舒缓身心的场所。由于居室环境空间有限，现代居室空间设计常常把这两种空间形式通过一个空间场所进行诠释。也就是说，同时具有客厅的会客交流功能和起居室的休闲娱乐功能的场所，通常被人们广泛地称为客厅空间。

客厅空间是居室空间中利用率最高的空间，也是体现业主品位、修养的核心。因此，客厅设计的重要性不言而喻，不仅需要考虑空间的布局设置，还应考虑与其他空间之间的联系。客厅与门厅、餐厅、卧室、书房通道相连，是居室空间中的枢纽。通常将建筑空间中较大的空间作为客厅，因其属于居室空间中最大的公共空间，是家庭成员交流的平台。

在进行3DMax/V-Ray客厅建模设计时应把握以下几点。

1.客厅的窗户朝向与家具及电视机等影音娱乐设备的布置关系。通常，按照空间开间大小选择合适的电视机尺寸，过大的电视机会影响人的视力。电视背景墙应选择较为单纯的墙面，适当摆放绿植能够缓解人们观看电视时出现的视觉疲劳。由模型库调出的模型需要自行调整尺寸，并且根据业主的喜好，选择适合的家具，可由业主亲自选购合适的家具之后，按家具样式进行后期建模，或由设计师全权代理设计家具的款式和材质，直接建模渲染，由业主后期选择。

2.客厅墙面、地面、天花、家具、电器等的选择和色彩搭配。客厅空间模型创建完成之后，通过V-Ray进行材质贴图，此时需要设计师把握材质贴图的色彩，应按照现有实际材质质感对客厅环境空间进行设计，不能按自己的喜好随意设置贴图。特别要指出的是，此时的贴图材质与环境空间的实际效果有直接的联系。设计师应保证最终渲染的材质在市面上的建材市场中能够购买到。

客厅空间的色彩应注意避免生硬，长时间观看饱和度高的色彩会刺激人的视觉神经，引起大脑的兴奋，不利于营造休闲和放松的舒适环境，因此，应选择较为柔和的中性色调更为合适。

3.客厅环境空间的灯光布置。可以说，客厅所具有的功能相当全面，因此，客厅要求的灯光类型也最多。通过天花的设计，可以建模设计V-Ray线光源、点光源等多种布置灯光照明设备的方式。通常，为了满足会客功能的需要，客厅需要布置明亮的灯光环境，应设计泛光灯均匀布光；还需要满足休闲娱乐的需要，避免电视机亮度过高、闪烁造成刺眼，应设计不高于电视机亮度的柔和的台灯或小筒灯进行点光源局部照射；此外，一些沙发背景墙设计了墙面造型或者挂画等装饰艺术，则需要布置射灯对装饰物进行单独照明。多种灯光的运用一方面满足了客厅空间各种功能的需要，另一方面也使客厅空间的层次感更加丰富。在渲染时，应反复推敲灯光设置的距离和灯值的大小等因素，才能最终渲染出高清图片。如图2-2-1所示。

图2-2-1　客厅

二、餐厅

餐厅通常是家庭成员日常用餐或宴请宾客的环境空间，是日常必不可少的居室公共空间。现代居室空间设计中，餐厅和客厅空间通常相连但又相对独立，一般不设隔断，以保证空间的整体性和通透性。有些居室空间在布局时采用开敞式厨房，使得餐厅又与厨房相连。

建模渲染时，应注意以下几点。

1.建模初期，应对餐厅的空间布局有一定的了解，确定餐厅内主要的家具——餐桌餐椅的摆放方法和位置，注意选择合适的餐桌餐椅的大小、多少，并且应与业主沟通选择与客厅风格一致的家具和材质类型，避免类型过多导致空间杂乱缺少秩序性。对于小户型的居室空间来说，餐厅空间相对较小，因此，家具的选择可以采用折叠式布局摆放形式，这样既可以节省空间，又能够满足就餐的功能性需要。近几年来，可移动、可伸缩性的家具已经越来越受到客户的青睐，小巧、多变、灵活的布置方式和设计满足了餐厅空间多种功能的需要。

2.由于餐厅属于家庭式餐饮空间，因此在设计时还需要体现餐饮空间的特点，例如营造亲切、和谐、温馨的用餐氛围。整体设计宜采用暖色调，在餐厅空间的墙面、天花、地面的材质选择上应与客厅的风格保持统一，但局部可根据餐厅的具体空间形式进行调整。餐厅墙面不宜选择图案较大、色彩饱和度高的壁纸。过大的图案容易引起人们的视觉反应，吸引人的目光，不利于就餐的专注度，不利于营造舒适的就餐环境。

3.对于餐厅灯光，在建模渲染时应选择以均匀布光的泛光灯照明为主、照亮餐桌的辅助光源为辅的照明特点。还可以按整体风格设计别致的烛台，为业主家庭提供浪漫的烛光晚餐的情趣设计。通常，餐厅的主光源设置在餐厅天花的中心，如果就餐区域餐桌靠墙设计，则需要另外布置餐桌单独照明设备。建模时，通常餐厅的天花略低于客厅空间，这是为了保障餐桌上方的照明设备能够满足就餐照明的需要。

三、门厅

门厅，又称为玄关，通常是作为居室空间入口的缓冲地带而设计的过渡性空间。门厅空间作为居室室内和室外连接的通道，具有缓冲、屏障、引导的作用。虽然门厅空间与其他空间相比相对狭小，但功能却相当全面，门厅承载着业主家庭成员的进出，穿脱鞋袜、外衣、帽子、围巾、手套等随身衣物，存放手提包、钥匙、雨伞等功能性用品等功能。因此，门厅空间需要设计一定的储存空间、人性化的座椅、穿衣的镜子等设施。

由于大部分建筑空间建设没有分割独立的门厅空间，因此在3DMax建模时，应设计与客厅之间的屏障，一方面屏障能够起到分隔区域的作用，另一方面屏障还能缓解开关门时冷暖空气的直流。在建模时门厅空间不应设计过大，狭小的空间能够给刚刚回到家的人一种亲切感。相对于室外空间的无边际，居室空间再大也会显得狭小，通过门厅空间的小，能够反衬居室其他空间的大，满足人们对于空间先抑后扬的心理感受。

门厅空间的地面材质应与客厅有所不同，或添置一块地毯，或设计一块下沉的石材或瓷砖地面用作分割。既能避免室外灰尘的进入，还能避免鞋底的泥土散落在空间各处，利于居室空间的卫生要求。这一点，在日本的居室设计中尤为常见。此外，布置门厅空间的灯光时选用一种灯光即可，对灯光的要求不高，小型白色吸顶灯就可以将整个空间照亮。当然，对于别墅类型的空间来说，门厅的设计也需要相对复杂的灯光和建模设计。如图2-2-2所示。

图2-2-2　门厅

四、厨房

厨房是每个家庭必需的空间之一，通常是为家庭成员准备日常饮食的重要空间。厨房空间需要布局合理和整洁干净，由于厨房内部需要有很多的水电操作功能，还需要摆放大量的厨具餐具，因此如何保证厨房操作功能性的需要和营造整洁、干净、有序的空间环境是厨房空间设计的重点。

进行建模时，应注意以下几点。

1.尺寸及布局的把握。厨房重要的家用电器和餐具用品等应有准确的尺寸，在进行布局时，注意各个用品的操作空间和范围，对空间进行合理地划分。例如业主是选择双开门还是三开门的冰箱，或是冰柜，不同品牌和尺寸的冰箱所占的面积和空间高度是不同的，需要设计师按照业主提供的尺寸进行设计。同样，对于选用的消毒柜、洗碗机、电烤箱、微波炉、电水壶、电饭锅、吸油烟机、炉灶等家用电器的尺寸也需要精确建模。充分利用厨房空间的立面关系，将这些电器和基本柜体有机结合，合理地立体化布置，能够更有效地利用空间。

2.材料材质的选择。厨房空间地面材质一般采用耐用性好、耐磨损度强的瓷砖。目前市场上的瓷砖按风格大致可以分为两种：一种是模仿石材效果的玻化砖，另一种是仿古砖。两种瓷砖各有优缺点，玻化砖表面光滑，反射性强，但不耐脏，表面容易被腐蚀。仿古砖表面粗糙，反射性不高，表面模仿做旧处理效果，耐脏，具有一定的风格。在调整材质参数时，应注意各种瓷砖的反射值和粗糙度数值。橱柜立面的材质通常有防火板、烤漆面板、金属面板等，应根据业主的喜好并参考空间的整体风格进行设计。同时，对各种材质的参数值也应一并考虑。

3.灯光灯具的选择。对厨房空间而言，需要均匀的明亮灯光。现代居室空间的户型大多设计成全明户型，厨房窗户宽敞明亮，一方面能够为空间带来足够的日间照明，另一方面是出于环保的考虑，节省资源。在设计中，还需要在天花布置明亮的灯片，在操作台前设置台前灯。由于一般吸油烟机已经设计了灯光照明，因此，就不需要在此处设计特殊照明。如图2-2-3所示。

图2-2-3 厨房

五、卧室

卧室，包含主卧、次卧、儿童房、老人房等，是为业主提供睡眠、休息的空间。卧室空间是居室空间设计中最私密、最具有安全感的私人空间，包含单人或双人床、床头柜、衣柜、床榻、梳妆台等基本家具。主卧，顾名思义，是指业主休息的睡眠区域，中型以及大型以上的居室空间中，主卧通常配备主卧卫生间，这一人性化的设计充分满足了私密性的空间需求。次卧，通常是给来访者或家庭单独成员准备的休息房间，次卧的设计应具有通俗的大众性。儿童是家庭重要的成员之一，应按年龄、性别对儿童房进行规划设计，依照儿童的不同时期更换睡床的尺寸，并且按照不同时期的需求，合理安排家具的空间。婴幼儿时期，床铺较小，活动空间较大；儿童及少年时期，床铺变大，游戏空间逐步减少；青年时期，床铺与成人基本相同，游戏空间几乎可以忽略不计。

在进行卧室空间3DMax建模时，应考虑空间使用者的年龄和职业，结合业主要求，设计出舒适、静谧、祥和的空间环境。通常，为业主提供与空间配套的家具形态，还需要对空间进行软装饰布置，例如空间的床品、窗帘的颜色及图案、地毯的颜色等。应按照空间的尺度合理选择家具的型号、尺寸以及风格。设计师需要具备较高的职业素养，对不同类型和质感的家具应非常熟悉。此外，在进行儿童房设计时，应依照人体工程学原理，为儿童设计合理的人体尺度，设计儿童房时一般会有一个小主题，更利于设计的发挥，也使得儿童更容易接受并对空间产生浓厚的兴趣。在设计老人房时应注意空间中不应选择过于强烈的色彩或过暗的色彩。强烈的色彩会引起视觉的警觉，老年人本身不容易入睡，安静柔和的色彩氛围更符合他们慢节奏的生活特点。如图2-2-4所示。

图2-2-4 卧室

六、书房

书房通常是提供给家庭成员阅读、写作、学习、工作的活动空间。现代居室空间设计中，若空间条件允许，应设置单独书房空间。空间不允许的小户型，也可与各个卧室空间相结合进行设计。书房中的家具主要包括写字台、电脑桌、书架或书柜，也可能包含特殊人群的工作台等特殊家具及用品。具体设计书房时应根据业主的要求进行个性化布置。书房空间是体现业主职业、文化修养和品位的空间。

对书房空间的建模应首先考虑业主的职业和需求，对于特殊职业的业主，例如画家、音乐制作人、歌唱家、舞蹈职业者、IT产业人员、动漫创作者、绘图设计师等，在进行书房设计时，需要单独进行空间布置，应依据职业特点和职业要求对空间进行划分和布置。普通职业人群的书房设计，需要独立的办公桌及必备的书籍储藏柜等，应选择舒适的学习工作桌椅，长期使用不合适的桌椅会对人体造成无法弥补的伤害。书房的色彩应选择安静和谐的冷色系。暖色系会使人产生温暖的舒适感，过于舒适的氛围容易使人昏昏欲睡，降低学习和工作的效率。而冷色系容易使人感觉清爽。在渲染时应对材质和灯光的色彩进行调整，避免暖光源和过于跳跃的图案及造型。如图2—2—5所示。

图2—2—5　书房

七、卫生间

卫生间是指家庭成员清洁家庭卫生和个人生理卫生的空间。卫生间的设计应具备最基本的通风、取暖加热、照明、盥洗等功能。卫生间包含手盆、马桶、热水器、淋浴或浴盆等基本设施。通常，在家庭成员较多的情况下，应将卫生间空间依照尺度进行合理划分，做到干湿分离，有利于满足人们在早高峰时期的生理需求。另外，卫生间原有建筑提供的给水排水系统，应保持原样，不得擅自修改管线的位置，保证管线的通畅，以免影响楼内其他居民的日常生活。

大部分卫生间设施都能从模型库中找到，售卖设备的厂家在进行产品设计时，已经对产品进行了模型设计。因此大多数的设备都能从模型库中取得，但应注意调用模型时模型的大小与设计创建空间的尺度相统一。此外，卫生间地面与墙面一般情况下应选择同种材质，例如同是石材或同是瓷砖，因为卫生间空间相对较小，空间不宜使用过多类型的材质，以免造成空间的混乱。设置卫生间灯光时，需要设计主光源，满足整体照明需求。设计镜前灯，满足整理容貌、盥洗照明的需要。还需要设置浴霸或暖风，为淋浴空间进行照明。卫生间的灯光应设置暖光源，避免空间中因缺少软装饰而造成生硬冰冷的心理感受。

第三节 3DMax／V—Ray居室空间设计实例

[实例]

1.简介

本实例从一个长方体开始编辑，逐步介绍材质制作、灯光制作、渲染出图和后期处理的全部过程，着重表现天光和太阳光的照明作用以及模糊反射对于真实质感的表达。

制作思路：从模型的创建到模型的调整，温习各种材质的制作技法，完成阳光下的客厅表现效果，最后使用 Photoshop进行后期的处理来升华图像。

2.模型的制作

本场景从一个长方体开始制作，将长方体转换成可编辑多边形，然后进行单面建模。在创建面板中单击“几何体”，单击“长方体”激活顶视图，拖动鼠标绘制长方体。如图2—3—1所示。

点击鼠标右键，选择“转换为可编辑多边形”。如图2—3—2所示。

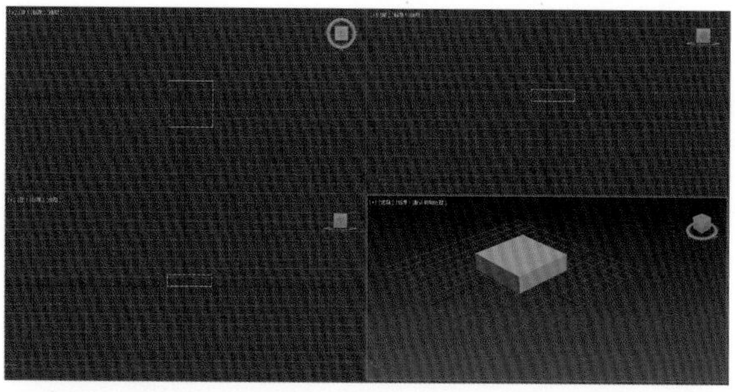

图2-3-1

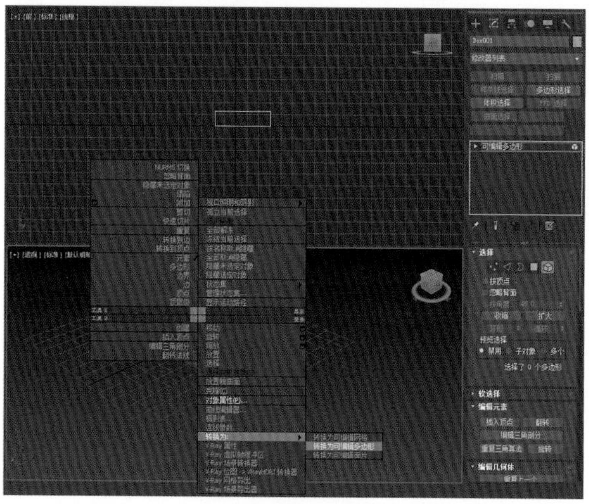

图2-3-2

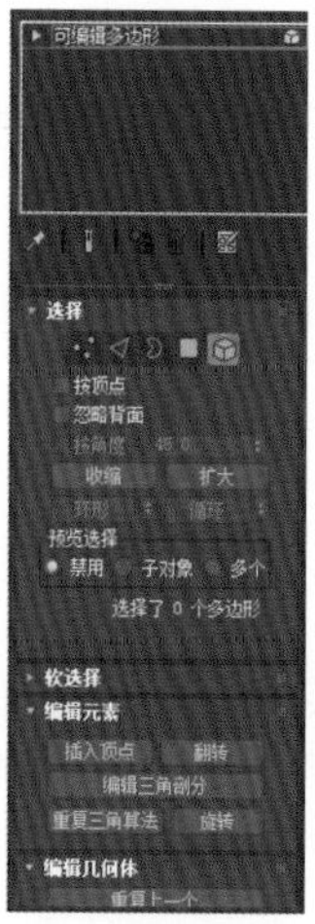

图2-3-3

在“参数”卷展栏中选择“编辑元素”。如图2-3-3所示。

点击鼠标右键，选择“对象属性”，设置“显示属性”，勾选“背面消隐”。如图2-3-4所示。

在“参数”卷展栏中选择“翻转”。如图2-3-5

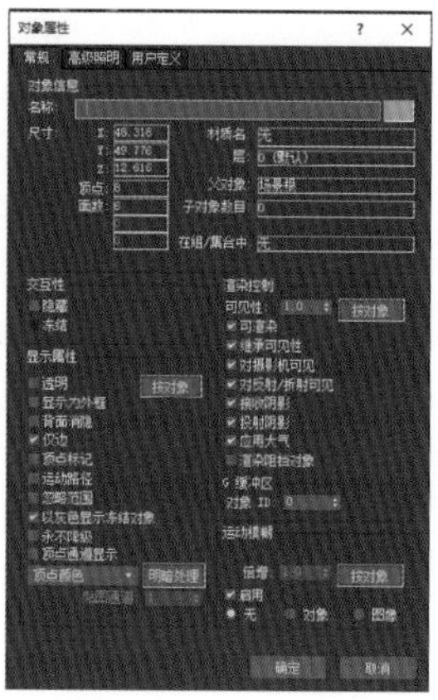

图2-3-4

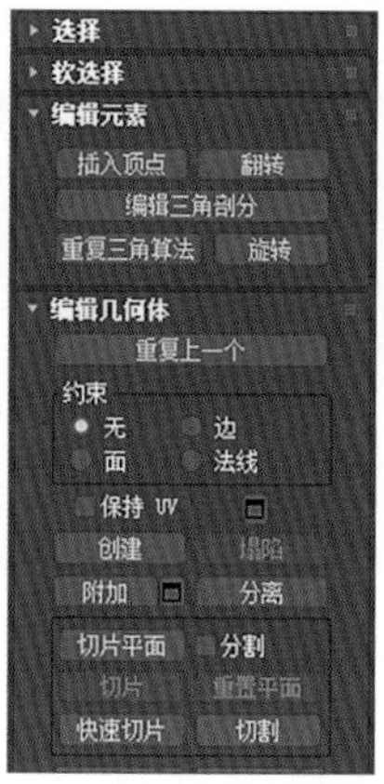

图2-3-5

所示。

本场景中的家具模型都是已经完成的，在这里直接合并模型即可，然后对合并模型进行层次管理以及位置上的调整。单击左上角3D图标，并单击选择“导入”。如图2-3-6所示。

图2-3-6

调整导入的家具模型按顺序摆放。如图2-3-7所示。

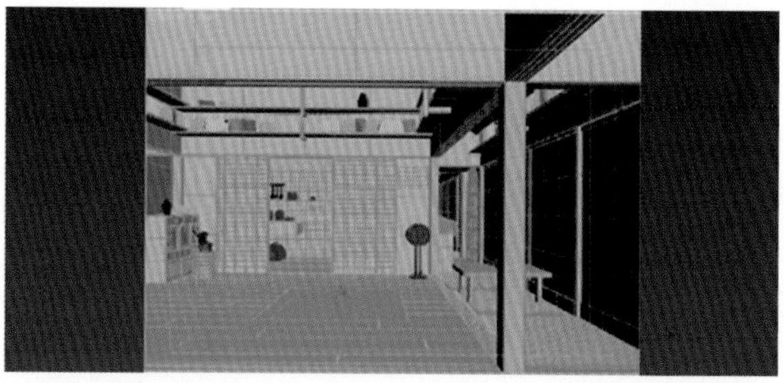

图2-3-7

移动的同时复制对象，按住Shift键移动鼠标，弹出“克隆选项”，选择复制对象。如图2-3-8所示。

调整所有模型，旋转并移动家具。如图2-3-9所示。

图2-3-8

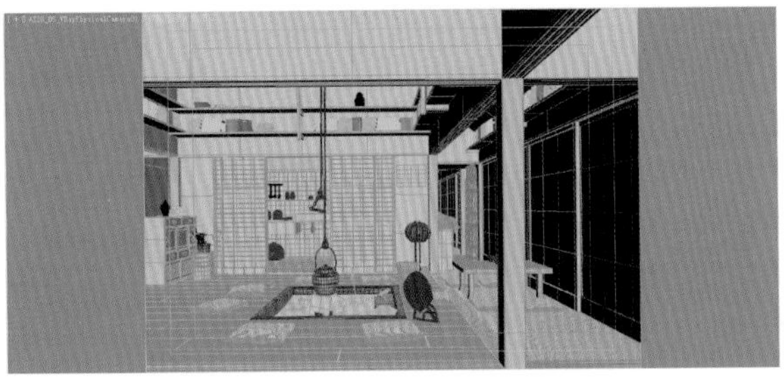

图2-3-9

3.摄像机的设置

模型制作完成之后，首先就是要为场景创建摄像机，摄像机的角度根据设计师的审美素质决定。在创建面板中，单击“摄像机”，再单击“目标”按钮，在顶视图中拖动鼠标建立一台摄像机。如图2-3-10所示。

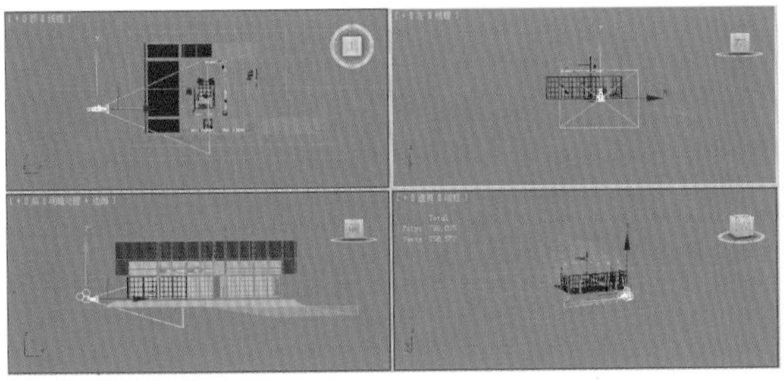

图2-3-10

在透视图中选择摄像机，调节摄像机的Z轴高度，如图2-3-11所示。

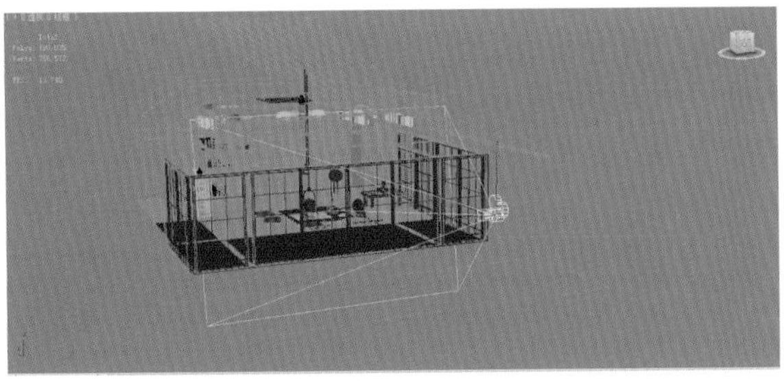

图2-3-11

调节“摄像机目标点”的高度。如图2-3-12所示。

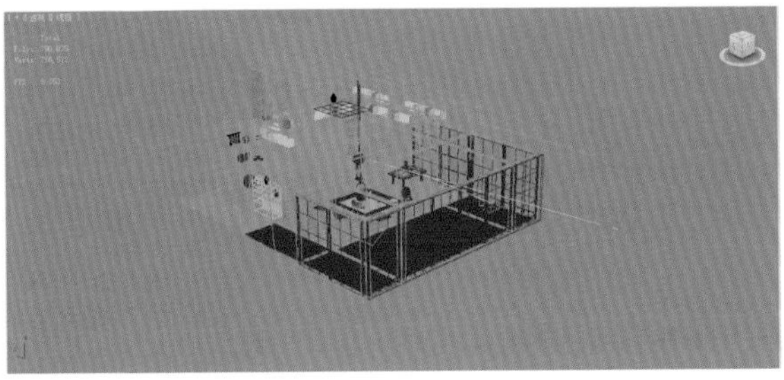

图2-3-12

选择任意视图，按“C”键进入“摄像机视图”，观察摄像机视图效果。如图2-3-13所示。

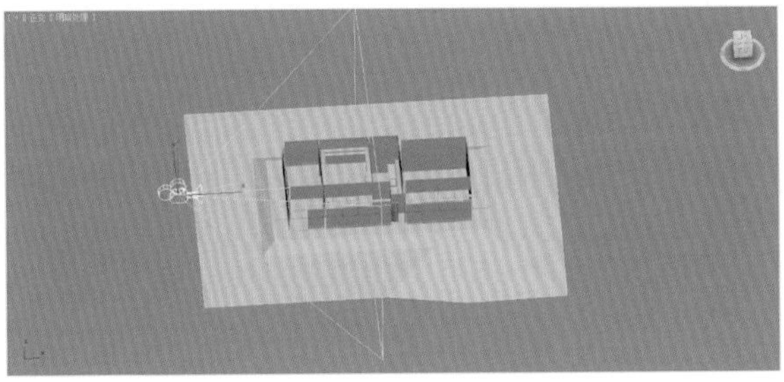

图2-3-13

扩大摄像机的视角，单击选择“摄像机”，在“修改面板”中打开“参数”卷展栏，将镜头设置为24mm。如图2-3-14所示。

图2-3-14

在顶视图中进一步调整摄像机的位置，之后观察摄像机的最终效果。如图2-3-15所示。

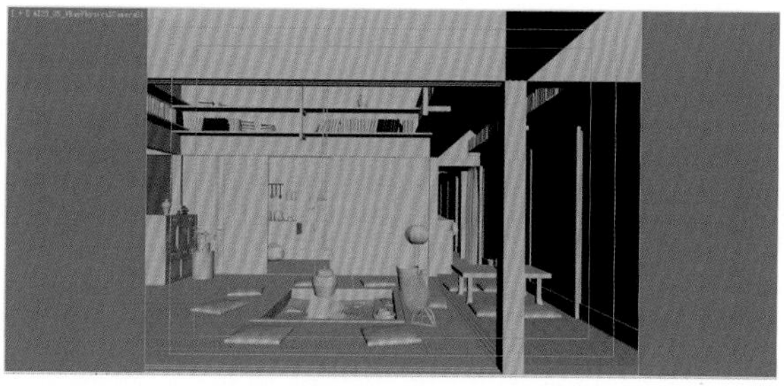

图2-3-15

4.材质的制作和设置

本场景中的材质比较多，但是制作起来并不是很难，比如地板、胡桃木、沙发、地毯等，本节会对每种材质进行详细的讲解。

（1）胡桃木材质的制作

编辑一个V-Ray标准材质“胡桃木”，“反射光泽度”为0.8，“最大深度”为3，“反射”通道加入“衰减”贴图。如图2-3-16所示。

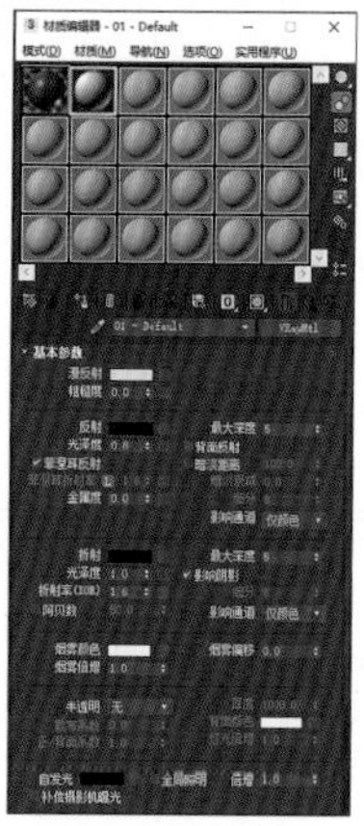

图2-3-16

在视图中选择“桌子”模型，将“胡桃木”材质赋予模型上。如图2-3-17所示　。

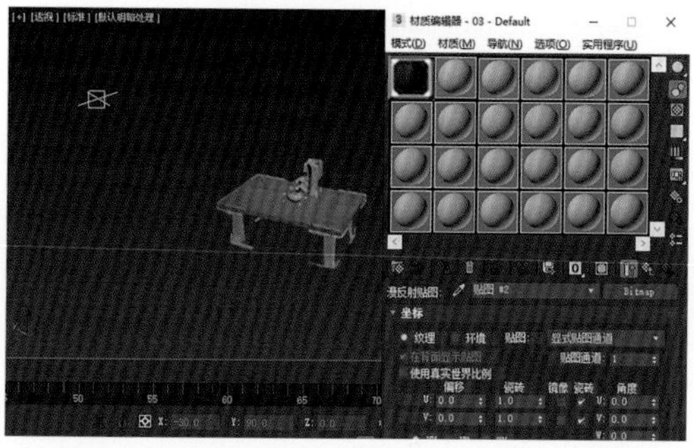

图2-3-17

在“修改器面板”单击“UVW贴图”，调节大小合适的坐标贴图。如图2-3-18所示。

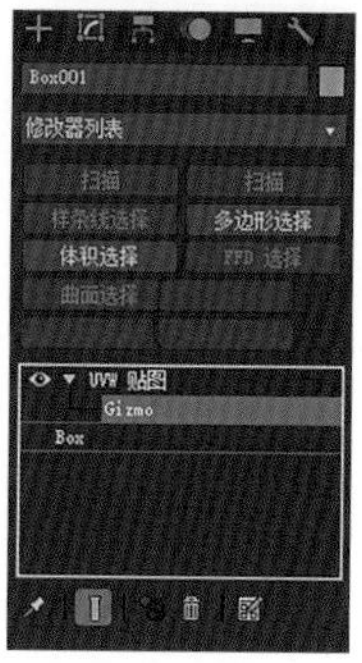

图2-3-18

（2）布料材质的制作

建立V-Ray材质设置通道，加入一张“位图”贴图布料。如图2-3-19所示。

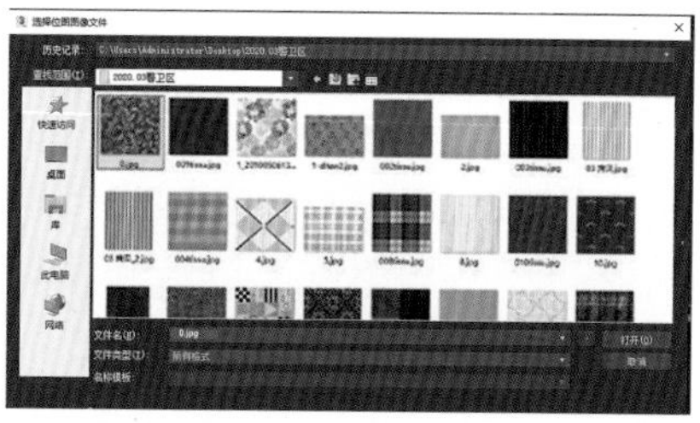

图2-3-19

选择“坐垫模型”，赋予“布料”材质，设置合适的坐标贴图即可。如图2-3-20所示。

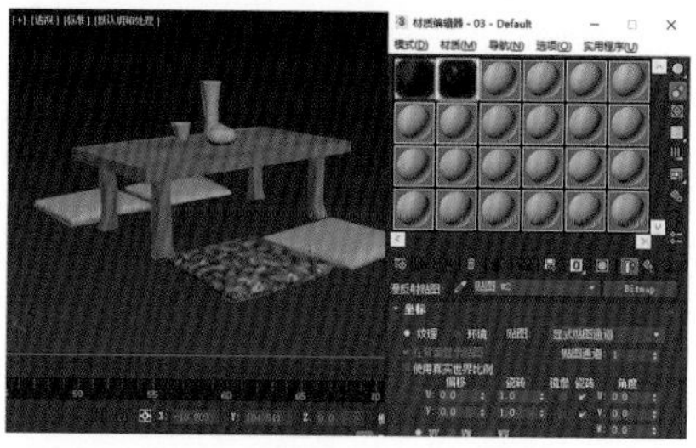

图2-3-20

重复复制命令。如图2-3-21所示。

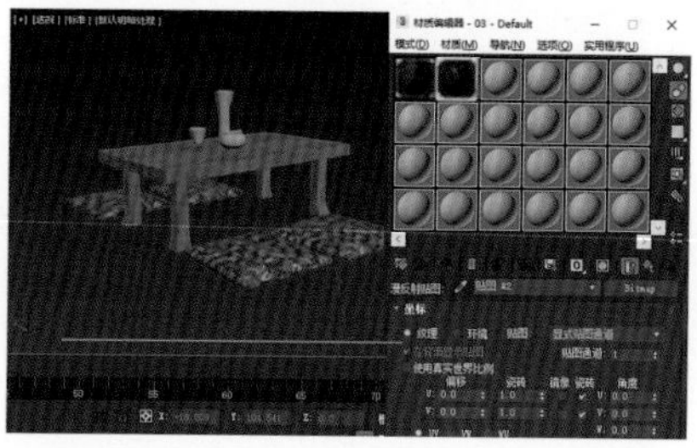

图2-3-21

(3) 瓷器材质的制作

建立“瓷器”材质，在“漫反射”通道加入一张“位图”贴图，设置“漫反射光泽度”为0.9，设置“反射颜色”为灰。如图2−3−22所示。

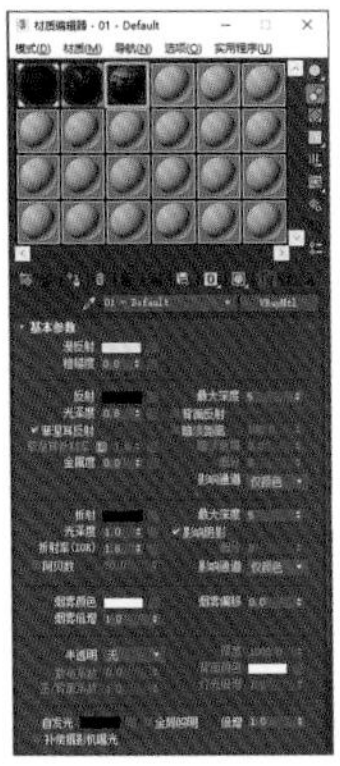

图2−3−22

最后把材质赋予场景中的瓷瓶，设置适合的坐标贴图。如图2−3−23所示。

图2−3−23

5.灯光的设置

打开“渲染设置”窗口，打开“公用”选项，调整渲染图片尺寸。如图2−3−24所示。

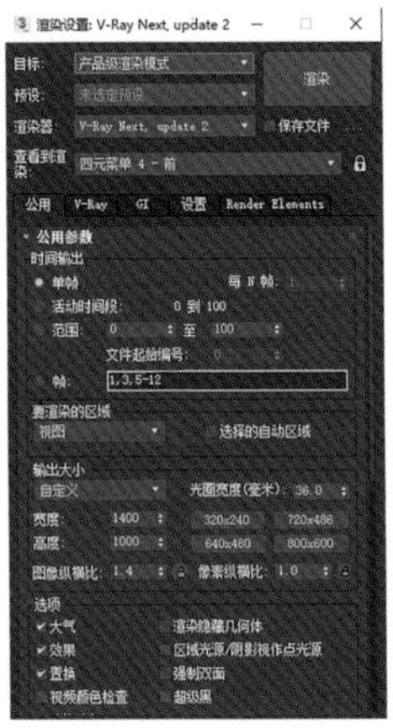

图2−3−24

打开“环境”卷展栏，勾选“全局照明”和“折射环境”，设置颜色为纯白色。如图2−3−25所示。

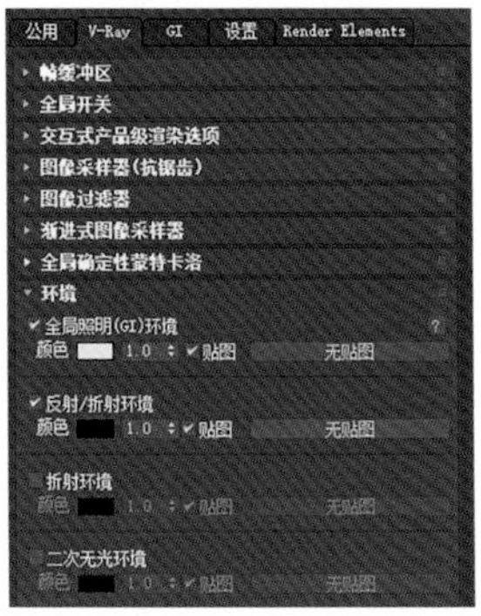

图2−3−25

打开哪个项目的卷展栏，设置“当前预设”，自定义设置“细分”为200。展开“灯光缓存”卷展栏，设置“细分”为100。如图2−3−26所示。

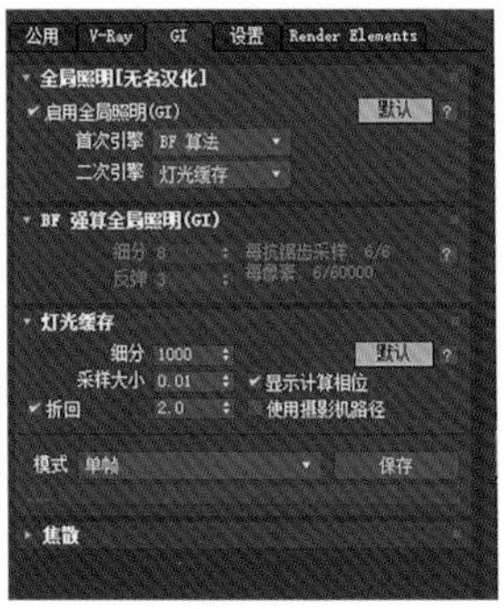

图2−3−26

进入“创建”面板，单击“灯光”按钮，选择“标准”灯光类型，单击“目标平行光”。如图2−3−27所示。

进入“创建”面板，单击“灯光”按钮，选择“光度学”，单击“目标灯光”，在前视图的灯模型下创建目标光源。如图2−3−28所示。

图2−3−27

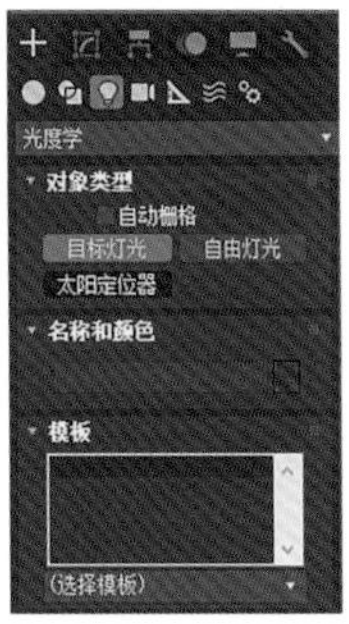

图2−3−28

切换到顶视图，选择“灯光”，使用“选择并移动”工具，将建立的“目标灯光”移动到场景的灯具模型中，再到顶视图中选择灯光，使用“选择并移动”工具，将建立的“目标灯光”移动到场景的灯具模型中。如图2–3–29所示。

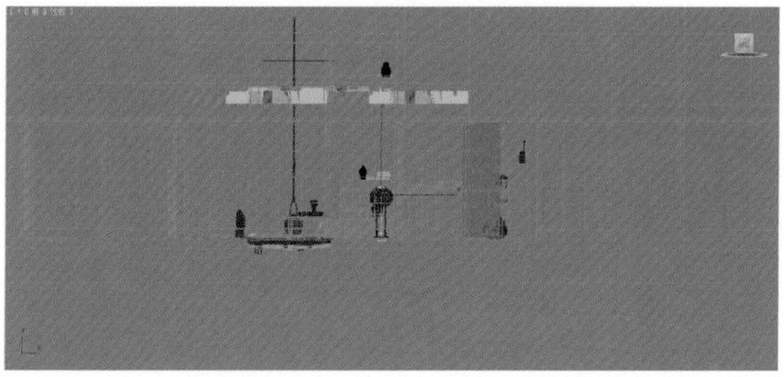

图2–3–29

6.渲染参数设置

在“渲染设置”中的“公用”选项上，把最终大图的渲染尺寸改为“2000×1500”。如图2–3–30所示。

设置“当前预设”为“中”，设置“细分”为75，“没销值采样”为20，勾选不删除。如图2–3–31所示。点击“自动保存”，展开“灯光缓存”，设置“细分”为1200。如图2–3–32所示。

图2–3–30

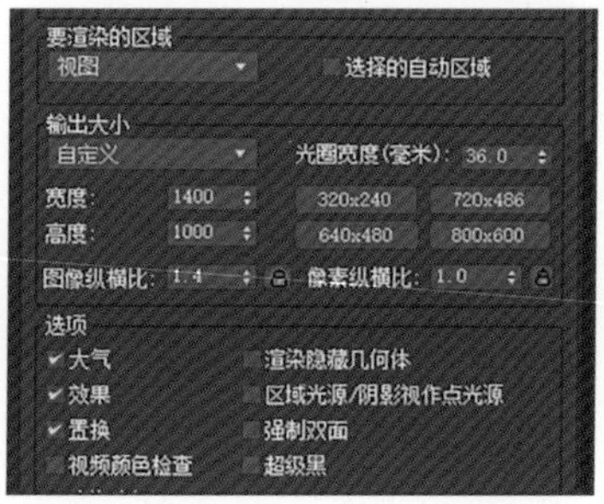

图2–3–31

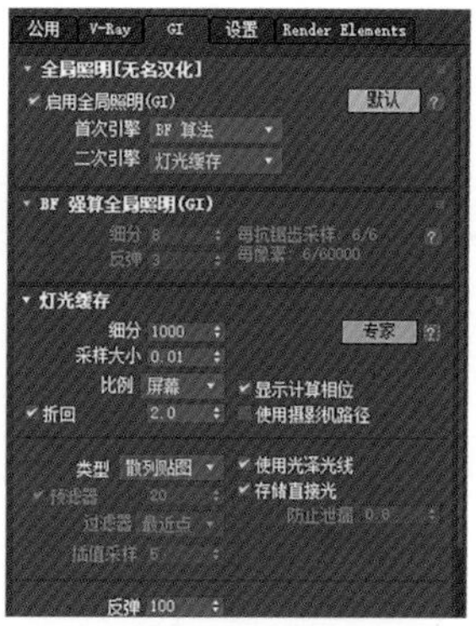

图2–3–32

按F9键渲染摄像机视图，经过一定时间渲染，本场景的最终大图就完成了。如图2–3–33所示。

为了方便后期处理，在渲染最终大图后还要渲染彩色通道图。将“BeforeRender”插件拖到场景中，勾选“转换所有材质”复选框，再单击“转换通道渲染场景”按钮。如图2–3–34所示。

图2–3–33

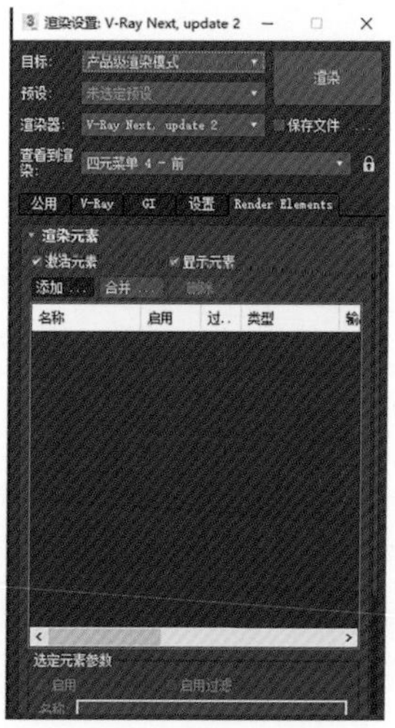

图2–3–34

按F9键渲染摄像机视图，然后将其保存，得到最终效果。如图2-3-35所示。

图2-3-35

进行图片效果后期处理的制作思路是整体、局部、整体，首先从最终大图的整体关系入手，如远近的虚实关系，场景冷暖对比关系。如图2-3-36所示。

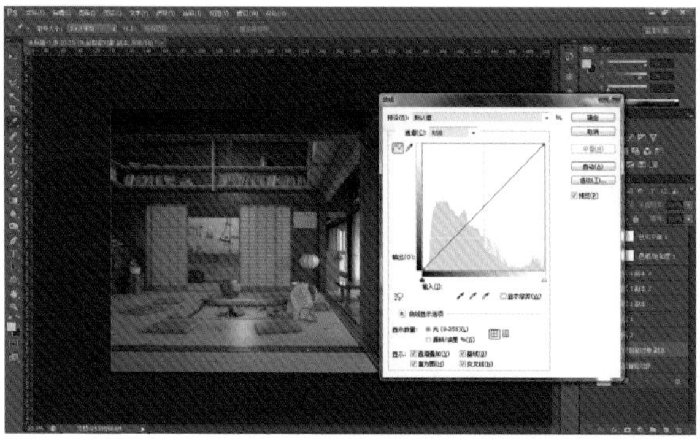

图2-3-36

然后逐步深入到局部调整，如地板、墙体、家具关系的调整。如图2-3-37所示。

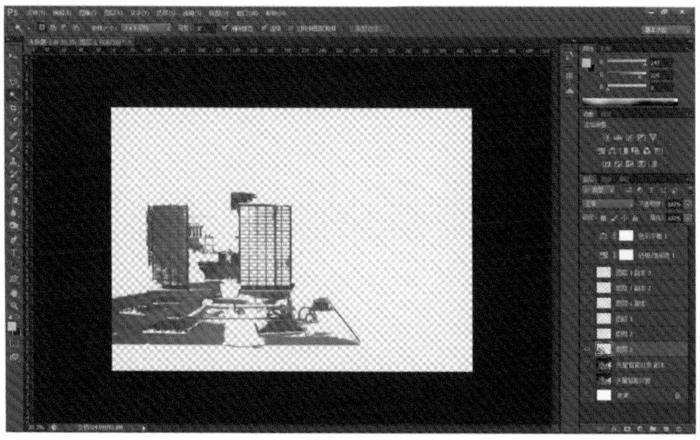

图2-3-37

最后对整体效果进行调整，在做最后的调整之前要将所有修改过的图层合并到一个图层当中，最后是调整整体的色调、明暗对比和空间感。如图2-3-38所示。

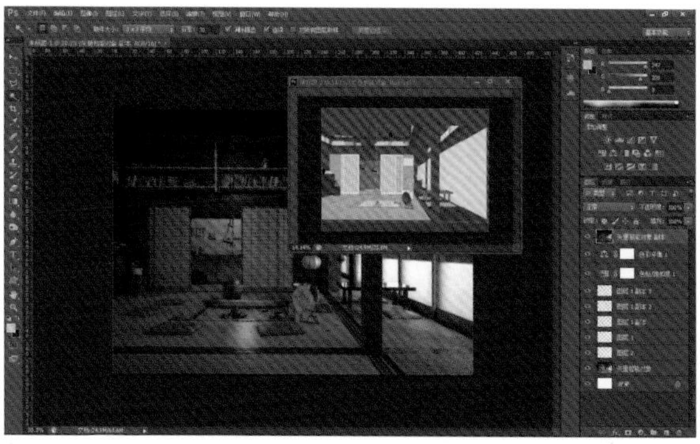

图2-3-38

最终效果图如图2-3-39所示。

图2-3-39

小结：

本章重点学习了一个完整的建模、材质制作、灯光布置、渲染以及后期处理的居室空间效果图的制作流程，通过一个简单的日式风格客厅设计，让读者了解日式居室空间的制作思路。读者以后在绘图时要灵活运用之前所学的知识和技法，设计出不同的风格效果。

「_ 第三章　3DMax/V-Ray 餐饮娱乐空间设计及工程实例」

本章重点

1. 了解餐饮娱乐空间的产生及发展。
2. 掌握餐饮娱乐空间设计的基本要求。
3. 掌握各个类型餐饮娱乐空间的建模及渲染要点。
4. 熟练操作 3DMax/V-Ray 进行餐饮娱乐空间的建模及渲染。

学习目标

通过本章的学习，了解餐饮娱乐空间设计的特点和设计的基本要求，对各类型餐饮娱乐空间的设计要点做到熟练掌握，准确把握餐饮娱乐空间内特殊的空间形态的建模及灯光的设置及渲染。通过对餐饮娱乐空间实例的学习，最终熟练掌握 3DMax 建模及 V-Ray 渲染的技巧。

建议学时

5 学时。

第三章　3DMax／V-Ray餐饮娱乐空间设计及工程实例

第一节////餐饮娱乐空间设计概述

一、餐饮娱乐空间的产生

餐饮娱乐空间是指人们在公共场所就餐、休闲、运动、观影、娱乐的空间。餐饮娱乐空间属于经营型商业公共空间的设计范畴，当人们不再满足于自身独处，需要与人、物或信息流沟通时，餐饮娱乐空间便产生了。

二、餐饮娱乐空间设计的发展

1.古代氏族部落时期

餐饮娱乐空间的形成最初可以追溯到古代氏族部落时期。当人们通过狩猎得到充足的食物时，围坐在篝火旁一起用餐，在满足了原始的温饱问题之后，人们开始追求一种心理的满足，围绕篝火载歌载舞，是心理发泄的一种表现，也是人与人之间交流的一种体现。围绕篝火或实物形成的空间环境，是餐饮娱乐空间最初的形态。

2.奴隶制社会时期

奴隶制社会时期，统治者得到足够的物质保障，对精神的追求就更加强烈。例如，传说商纣王建鹿台、造酒池、悬肉为林。鹿台高千尺，宽三里，将多种动物的肉悬挂起来，穿梭其中，可以随意吃肉、喝酒池里的酒，这种极度夸张的餐饮娱乐空间，足见当时帝王对餐饮娱乐空间的重视。餐饮娱乐空间自此开始有了一定的发展。

3.封建社会时期

封建社会时期，各行各业的生产力得到进一步发展，衣食无忧的生活不仅局限于最高统治者，还包含能够主导社会发展的士大夫官僚阶层以及承袭爵位的王侯将相，更有一些文人墨客。在满足日常生活所需之外，他们对食物的色、香、味、形有了更高的要求，工作之余小酌一杯、轻歌曼舞、吟诗作对等休闲方式的产生，让人们开始寻求一种对饮食空间心理的满足。这种心理满足的实现，形成了封建社会时期一些酒肆、戏台、客栈、酒楼、庙会、杂耍等餐饮娱乐空间形式。

唐代诗人王勃在《滕王阁序》中提到“四美具、二难并”的优美诗句，“四美”是指良辰、美景、赏心、乐事。“二难”是指贤主、嘉宾。从中可以看到当时文人墨客对餐饮娱乐空间的要求。随着商品经济的发展和城市文化意识形态的逐渐形成，餐饮娱乐文化也随之进入了鼎盛时期，在众多的书画作品中可以看到古代的餐饮娱乐空间设计，这些空间开始变得具有专业性和实用性。因此，餐饮娱乐空间在这一历史时期得到了长足的发展，为现代餐饮娱乐空间奠定了良好的基础。

4.工业革命时期

工业革命时期，全新的生产模式带给各行各业生产力的变革，生产力的提升使得生产模式发生了巨大的变化，大规模的机器制造代替了传统的手工作坊，从事体力劳动的人群进一步减少，从事脑力劳动的人群逐渐增多。随之而来的是，从事体力劳动的人们需要身体的休息和放松的心情，从事脑力劳动的人需要锻炼身体，为肌肉血液持续不断地提供氧气，维持身体平衡。一些大众性的快餐应运而生，并迅速占领市场，成为这一时期的主导餐饮娱乐文化。

5.新媒介时代

随着新媒介时代的来临，生产模式更加完善，全球经济化、信息化已经形成。一方面，人们开始面对高效率的工作环境和相对更加封闭的私人空间；另一方面，信息的高速传达使得人们更加关注与他人的交流和各个方面身体与心灵的享受。现代餐饮娱乐空间正是提供了一种能够让人们得到肉体和精神双重满足的空间，而餐饮娱乐的方式通过设计的特殊语言表述在特定的空间中，通过视觉、听觉、嗅觉、触觉、味觉的人体感官系统全方位地感知人们想要传达的空间设计理念和所提供的服务与交流。如图3-1-1所示。

图3-1-1

三、餐饮娱乐空间设计的要求

进行餐饮娱乐空间设计时，不同的功能需求决定空间的形态和具体的装饰手法。餐饮娱乐空间的布局和人群流线取决于人群活动的具体行为要求，不同地域和文化的人群对空间的需求不同，人们总是依据自身的习惯偏好选择喜欢的风格和特色。不同的文化导致同一品牌的餐饮娱乐空间在不同地域使用的色彩、器皿、服务有所不同，但总体来说，需要满足空间的安全、绿色、舒适的大众需要。个性是区别相同类别餐饮娱乐空间的重要因素，个性化的色彩、形式、功能能够带给人耳目一新的感受，而个性又是服务型餐饮娱乐空间的卖点，鲜明的个性特征能够给人持续的新鲜感，从而达到精神的满足。

1.餐饮娱乐空间的功能性

设计中，首先应当考虑的问题就是功能的问题。对于餐饮娱乐空间来说，应根据不同类型的需求对不同尺度、温度的空间进行概念设计。在设计前期，重点对空间进行准确定位，并依据人体工程学，设计符合各个类型的功能用品。考虑陈设和风格之间的关系，协调并对其进行有效的规划。设计后期，应结合餐饮娱乐空间的其他设计需要，对空间进行整合设计。在设计中，应充分考虑人的因素，按照不同的服务对象对服务的人群进行划分。例如餐饮空间设置双人就餐台、四人就餐台、多人就餐台、散台等，以满足不同就餐人群的需要。另外还需根据就餐时间长短和需要设置硬座、软包等座椅。此外，还应考虑特殊群体的需要，增加能够方便商务人员休息洽谈的安静区域以及方便母婴的盥洗室，设计有醒目标志的导视系统。这些都来源于以人为本的设计理念，因而倡导绿色的、环保的、以人为本的餐饮空间是满足人们对空间功能性的基本设计要求。

2.餐饮娱乐空间的视觉要素

视觉是最能够引起人们兴趣的体表感受，视觉能够最快地传达给人们最有效的信息。目力所及，最能够吸引人目光的地方总是能够使人流连忘返。人们习惯于对新鲜的事物产生好奇感，因此，视觉要素在餐饮娱乐空间中的作用是非常重要的。另外，餐饮娱乐空间的色彩搭配对营造和谐舒适的氛围起到极其重要的作用。色彩可以创造出特定的空间氛围，使顾客认识整体的空间形象，对食物产生食欲，对事物产生兴趣，激发消费欲望，满足心理需求。巧妙地利用色块的对比关系，还能够刺激视觉神经，营造出意想不到的视觉效果，提升餐饮娱乐品牌的形象。

3.餐饮娱乐空间的声环境

现代餐饮娱乐空间设计中，对声环境的营造越来越受到设计师和业主的重视。声音是一种无形的空间环境，能够为空间带来丰富的、细腻的、直接的心理感受。影剧院、KTV、俱乐部、酒吧、咖啡厅等餐饮娱乐空间对声环境的要求较高，需要避免噪声的干扰，营造舒适的立体的声音环境，以保证消除紧张的情绪，营造轻松的空间氛围。为避免这些空间自身所产生的声音对外界形成噪声污染等，应在空间中设计隔音板、隔音海绵等隔音装置。另外，在一些中式餐厅播放古典音乐，西式餐厅播放轻音乐，美体中心播放柔和的音乐，有利于人们放松心情，轻松愉快地就餐，并能够调节人体的各个器官，随旋律进行放松，达到舒缓的作用。合理地进行声音布置，使得空间氛围更和谐，能够很好地起到烘托气氛的作用。

4.餐饮娱乐空间的光环境

建筑空间环境设计中对光的设计分为自然光和人工光，餐饮娱乐空间也是如此。在进行自然光设计时，应考虑到一天之中阳光随时间的变化而改变照射的方向、角度和强弱。正是自然光的这一特点，使得空间随着光线的变化产生灵动的空间表情。早晚两个时间段的阳光，色调较弱，光线柔和；中午和下午时间段的阳光，色调较强，光线强烈、生硬。采用自然光照明要注意控制室内的温度，在光线强烈的时间段，采用通风或物理降温等方式对空间进行人工降温。

人工照明不仅能够解决夜晚空间的照明问题，还能够对白天的光源进行有益的补充，人工照明相对于自然光能够更好地控制其照度、色彩、角度等问题。在设计人工照明时，应注意对人工照明设备的照度、亮度、阴影、眩光等问题进行处理。通过灯光不同照度的区域划分可以对空间进行有效地分隔，避免了砌墙或者使用隔断的分隔方式，并且可以将原本生硬的装饰设计变得舒适或鲜明，改变人们对环境空间的心理量感。如图3-1-2所示。

图3-1-2　创意酒吧

第二节 ///// 3DMax/V-Ray餐饮娱乐空间设计的要素分析

一、餐饮空间设计要素分析

1.中式餐饮空间

中国饮食文化源远流长，博大精深，具有深刻的文化内涵和厚重的历史积淀。多集纪录片《舌尖上的中国》在国内外热播，使我们看到了集色、香、味于一体的中华美食，在满足人们味蕾的同时，更加注重养生。中式餐饮是文化、科学、艺术的综合表现，不仅反映了中华传统的饮食品质，更体现了在饮食过程中所展现出来的人的情感活动、社会功能以及审美情趣。中式菜系主要有粤菜、川菜、鲁菜、淮扬菜、浙菜、闽菜、湘菜、徽菜八种，被称为“八大菜系”。除“八大菜系”外还有一些在中国较有影响的菜系，如东北菜、冀菜、豫菜、鄂菜、本帮菜、客家菜、赣菜、京菜、清真菜等菜系。因此，在做中式餐饮空间设计时，需要对所设计的餐厅的菜品体系进行充分地研究，对所设计菜系的文化背景、民族饮食习惯、地域特点进行详尽深入的了解。

进行中式餐饮空间建模设计时，中式传统纹样的装饰和家具建模是必不可少的，例如中式传统纹样冰裂纹、如意纹、福禄寿纹等，这些传统纹样的设计会经常用到复杂的高级建模命令，需要设计师精通3DMax建模操作命令。此外，在中式餐饮空间设计中，还需要融入很多带有浓郁地方特色、民族特色的纹样或装饰。为此，设计中应注意这些纹样的选择和具体应用的色彩比例关系，避免因色彩的复杂出现混乱。中国古代建筑和室内空间的建造多以木材为主，家具陈设也采用木质为主。因此，木材在中式餐厅设计中显得非常重要。中式餐厅中常见的木材种类有红木、紫檀、花梨木、山毛榉、红豆杉、柏木、红松等。而通过现代工艺对木材进行复杂加工，得到了实木板、实木／复合地板、装饰面板、刨花板等衍生品。在中式餐厅设计中，更是引用了竹子、洞石等中国园林景观设计素材烘托气氛。在进行V-Ray材质贴图时，应对材质的属性、光泽度、花纹走向等进行充分的研究。如图3-2-1、图3-2-2所示。

图3-2-1 BAO中餐厅

图3-2-2 Mss Wong餐厅空间设计

设计中式餐饮空间的灯光时，为烘托气氛和效果，可以采用中式传统的灯笼造型作为照明装饰，这种类型的照明不同于以往紧贴天花的灯片，是属于空间中的点光源。在设计布光时，应结合实际空间，对照明设备的数量和照度进行控制。建议使用光域网，并按实际光源照度设计灯光数量和高度。如图3-2-3所示。

图3-2-3 新加坡博物馆皇后中式餐厅

2.西式餐饮空间

我们所说的西式餐饮空间泛指欧美国家的餐饮文化空间，通常指法式、俄式、美式、英式、意式等餐饮空间。西式餐饮不但在食物的烹饪方法上与中式有很大的不同，而且餐饮文化也有很大的不同。对于西餐厅的设计，要充分考虑餐厅的风格以及这个国家传统的餐饮文化和民族习俗，并且要充分尊重人们的饮食习惯和就餐顺序。如图3-2-4所示。

图3-2-4 Restaurant Richter餐厅设计

西式餐饮空间的营造方法是多样的，在利用3DMax／V-Ray建模渲染时，大致需要把握以下几个方面。

（1）对欧式古典风格的营造。需要设计创建典型的欧式建筑装饰语言，例如拱券、铸铁花、扶壁、罗马柱等。由于欧式古典建筑主要用石材来进行建筑的架构，因而在设计时多采用石材质感进行雕刻装饰。应注重石材的选取和质感表现，烘托室内气氛。

（2）对于欧美乡村风情的餐饮空间，则应注重原始的自然乡村元素，例如选择地中海风格的砖墙——大量的蓝白色系、麦穗、质朴的仿古砖等元素，来构成田园般恬静、温柔的传统乡村风情餐饮空间。应对空间中的灯光、音乐选择及色彩搭配进行综合性考虑。

（3）现代西式餐饮空间还存在一种十分前卫的设计风格，具有神秘、独特、浪漫的空间氛围。大量的现代元素在空间中被应用，波普设计元素、野兽派设计元素等构成独特的设计风格。在对这种类型的空间进行设计时，把握同时运用多个设计元素之间的比例关系，处理多种色彩的色相、色调、亮度、对比度之间的关系，还应注意运用各种现代材质的具体参数，例如玻璃、镜面、抛光大理石、金属、织物等。此外，无论何种风格的西式餐饮空间，都应注重空间的灯光设计，应设计公共均匀布光区域、餐桌独立照明、装饰追加照明等。如图3-2-5所示。

图3-2-5　Steakhouse时尚气息的餐厅设计

3.其他代表性国家餐饮空间

具有代表性的餐饮空间，除中国以外，还包括日本、韩国、泰国、巴西、阿根廷、阿拉伯国家等餐饮空间。这些类型餐饮空间的设计原则为依照各国的餐饮文化特色对空间进行布置和装饰。日式料理空间大量使用黑白元素、浮世绘、禅宗文化等设计语言；韩国料理空间使用蓝红元素、典型的炕桌式家具；泰菜餐厅里使用大量的纱布布缦、大象装饰物、金碧辉煌的色彩；巴西餐饮空间是典型的自助式餐饮空间。在进行设计时，应对空间的色彩、材质、设计元素进行综合性设计，才能使空间氛围完整统一。如图3-2-6所示。

图3-2-6　Modern Vietnamese Cuisine餐厅空间设计

4.快餐空间

信息时代的到来，使得人们生活的节奏逐步加快，早八晚五的硬性工作时间使得个人的休息时间相当有限，员工很难回到家里吃午饭，在需要加班的时候就更需要快捷简便地得到食物。顺应时代的要求，快餐空间应运而生，快餐空间能够满足人们对快速获取食物的要求，节约了人们的时间成本。

通常，快餐空间大都属于连锁经营的餐饮空间，其快速制作、取餐、用餐的性质决定不需要太大的空间范围。就餐人群大致以单独用餐、双人用餐为主，极少出现团体用餐的情况。设计布置的桌椅应以散台和双人为主，灵活布置可移动式桌椅。对快餐空间的设计应遵循以下原则：第一，空间环境中灯光明亮，整洁有序；第二，空间环境采用色彩饱和度较高的暖色，给人以亲切的用餐感受；第三，空间环境通道宽度及送餐吧台区域应加大尺度，满足就餐高峰时期人流的疏散。由于快餐空间属于新生的餐饮娱乐空间形式，因此要求设计师多选择易施工、耐用、环保的新型设计材料，突出快捷、方便、整洁的主题风格。如图3–2–7所示。

图3–2–7　Superbaba中东餐厅设计

5.休闲餐饮空间

酒吧来自英文Bar的译音，原意是指一种出售酒类的长条柜台，是昔日水手、牛仔、商人及游子消磨时光或宣泄感情的地方。

经过数百年的发展演变，酒吧通常被认为是各种酒类的供应与消费的主要场所，它是专为客人提供饮料及酒水服务的餐饮娱乐空间。酒吧常伴以轻松愉快的气氛，通常供应含酒精的饮料，也随时准备汽水、果汁为不善饮酒的客人服务。在设计时应注意，不同类型的酒吧空间有各自鲜明的特色，空间形式不但重视实用性，更重视享受和文化交流，追求轻松，具有个性和隐秘性的气氛。有的突出品茶聊天，有的以歌舞擅长，还有的以音乐为主。

酒吧空间的设计应重点突出休闲娱乐的文化情调，在满足基本功能设置的前提下，突出表现特色和优势，使设计的酒吧有鲜明的主题特征。

酒吧空间通常包括备酒调酒的吧台、储藏柜、展示架、休闲座椅、软包座椅、舞台、备餐区、库房等基本设施。进行建模时应注意空间的布局，保证合理恰当，大部分休闲座椅应设计成可移动式的，满足不同人数的需要，灵活地进行摆放。

酒吧空间通常不需要过于明亮的光线，过于明亮会使得空间中的所有人和事物都被照亮，缺少安全感和神秘感，因此，在设计照明布光时应注意，进行点光源和线光源设计即可，保证桌两侧能够看清对方。酒吧空间在材质的设计上还应起到突出空间氛围的作用，应选择具有代表性及肌理明显的材质进行设计，避免空间过于平淡。随着改革开放的步伐不断加快，咖啡店在中国得到迅速发展。国内商业街以及酒店都有专门的咖啡店，近年来一些国外品牌咖啡店的入驻，使得国内咖啡店的数量猛增。

国内几乎所有涉外旅游指定的星级宾馆、饭店都设有咖啡的专营场所，很多大中城市相继开启咖啡酒吧一条街，大多数高级写字楼、大型商场等专为咖啡开辟场地，国内许多大中城市设有咖啡酒吧休闲服务场所。

咖啡店空间的设计与酒吧空间大致相同，但咖啡店的空间相对较为明亮，在同样注重气氛渲染的同时，咖啡区休闲空间还具有商务洽谈的功能和作用，因而咖啡店空间相对较为单纯，以舒适和谐休闲为前提，不需要过多的装饰纹样效果或过多的色彩以及特殊的风格。如图3–2–8所示。

图3–2–8　杭州面屋武藏空间设计

二、娱乐空间设计要素分析

1.影剧院

影剧院是为观众放映电影和公演舞台剧、话剧、大型表演的公共场所，是满足人们对观影需要的一种娱乐服务类场所。在进行建模设计时，应考虑观众的人数，因为观众厅的尺度取决于银幕的大小，而银幕的形状又决定观众厅的形式，电影的银幕尺寸决定了观众厅的高度比例，例如巨大的IMAX电影和环幕电影，由具体放映设备构成放映厅的形状，决定观众厅必须是圆形。一般平面银幕的电影院观众厅呈矩形或梯形，地面有一定坡度，设置缓坡台阶，台阶通道处设计安全通道和地灯等必需的照明设计。如图3–2–9所示。

图3–2–9　歌剧院

通常，观众厅因为空间较大，因而需要良好的声音传导和反射，要求空间墙壁设置吸音材料。对观众厅的声环境，需要与声学专家共同进行空间的设计研究，让坐在观众厅各个角落的人们都能够欣赏到完美的画面和舒适的声音效果。观众厅听觉条件的好坏，除了取决于音响系统的电声质量外，还取决于观众厅的建筑声学质量。电影院观众厅有其自身的声学特点，其声源位置是固定的。剧场的扬声器通常设置于舞台两侧。电影院的扬声器通常设置在银幕后面或侧面墙壁。声源位置较高，扬声器的高音头一般位于银幕高度的2/3处，有利于均匀地向观众厅的各个方向和后座辐射声能。

影剧院通常具有相当宽阔的空间，在渲染时应营造出高雅的氛围，并对空间的隔音、声音的传导、座椅的舒适性、灯光的阶梯式照明、开场前的预热照明、安全指示灯的控制等多方面因素进行综合考虑。

2.KTV

新媒介时代的到来，改变了人们传统的休闲方式，一些新兴的休闲娱乐空间迅速发展并成为娱乐空间的主流。KTV便是其中一种，它是为人们提供卡拉OK影音设备与视唱空间的场所。KTV的组成主要包括硬件部分（点歌电脑、触摸屏、点歌服务器、功放、音响、电视、投影机、灯光系统）、配套部分（沙发、茶几、地毯、杯具类、娱乐道具）、软件部分（收银系统、订房系统、KTV管理系统、电脑点歌系统等）。KTV包房通常分为豪华包、大包、中包、小包等，每个包房的面积和场地不一样，这是为了让空间面积得到最大化的利用。灯光系统包括主控照明灯、应急照明灯、频闪灯、菊灯、爆闪灯、低照紫外线灯、声控变换灯、激光灯、霓虹灯等。如图3–2–10所示。

图3–2–10　KTV

量贩式KTV的特点是属于大众的娱乐场所，20世纪90年代源自日本，由中国台湾地区流入大陆。量贩式KTV的设计风格应着重表现出前卫的时代感，主要消费群体是年轻人，因此在设计时应注重设计元素的新颖和标新立异，包房内多种灯光组合效果要依次进行表现。为弥补包房空间的狭小局促感，通常会设计带有反光材质的墙面，例如镜面、玻璃、金属、马赛克等材质，一般不会采用大理石等昂贵的材料。空间色彩也相对丰富，会选择多种色彩搭配风格，突出特色。

商务KTV是为商务人员提供兼顾娱乐和业务洽谈的场所。商务KTV于20世纪80年代初自东南亚流入中国，商务KTV的设计风格属于稳重成熟、富有品位的休闲空间，通常会选择高档的材料进行地面和墙面的装饰，施工工艺和装饰纹样也比量贩式KTV要复杂，空间维度也相对较大。地面常常采用大理石拼花，墙面石材仿真室外，结合复杂的内墙装饰纹样等。在进行设计时要充分考虑商业人士的需求，对空间进行合理的布置。

3.俱乐部

俱乐部文化起源于英国，17世纪的欧洲大陆和英国，当时的绅士俱乐部源于英国上层社会的一种民间社交场所，这种类型的俱乐部内部陈设十分考究，设有书房、图书馆、茶室、餐厅和娱乐室。俱乐部除定期组织社交活动外，还向会员提供餐饮、银行保险、联系和接洽等各项服务。现代俱乐部一般都是集餐饮、会议、娱乐为一体，能够为俱乐部会员提供交流、娱乐、餐饮、休闲的平台。通常，企业型俱乐部会按照企业的特点进行环境空间设计，商业型俱乐部是以盈利为主的多功能休闲娱乐空间。现在很多小型会所与俱乐部极为相似。

在进行俱乐部空间设计时，应依照企业特点或商业卖点对空间进行分析。在设计时应注意空间氛围的营造，舒适、便捷、多功能、全方位的服务是俱乐部的最大特点。如图3-2-11所示。

图3-2-11　**伦敦女性俱乐部**

4.健身美体洗浴

健身美体洗浴空间是伴随着人们生活水平的提高而诞生的全新餐饮娱乐空间形式。如图3-2-12所示。

图3-2-12　**纽约健身室内设计**

进行健身空间设计时，主要考虑健身房的空间大小、合理的区域功能划分及布局现代化的装修、通风条件、场地器械的维护保养及干净卫生程度等。专业健身房包括有氧健身区、抗阻力力量训练区（无氧区）、组合器械训练区、趣味健身区、操课房、瑜伽房、体能测试室、男女更衣室及淋浴区、会员休息区等空间。设计时应注意建模中对各个房间大小的布局控制以及配备的基本器械尺寸和通道宽度，此外，整体空间需要均匀布置灯光，特别是对天花的灯光控制，应选择柔和的光源，避免点光源以及刺眼的光照。因运动过程中会有各种伸展运动以及坐卧站躺等不同的视觉朝向，因而，应充分考虑人的因素，按人体工程学合理布置灯光照明设备。

美体洗浴中心空间环境与健身中心空间环境大致相同，除了有基本的功能空间，还应设置前台服务区、大厅等公共空间。特别是大型洗浴中心，宽阔的大厅供消费群体更换鞋袜，结算费用，更重要的是营造出一种亲切温馨的信任感和舒适感，使人们能够充分放松身体和心灵。通常，大型洗浴中心还包含餐饮等自助式服务，应注意渲染空间的干净整洁、明亮。在地面材质和楼梯材质的选择上，应充分考虑防滑防潮等问题，注重避免消费者跌伤等人性化设计。楼梯间和电梯间可以铺设地毯，既保证了空间的舒适性，又能防滑。灯光的布置应避免冷光源，选择合适的暖光源有利于放松心情，营造出家一般的温暖感觉。

5.棋牌、游戏

棋牌娱乐空间和游戏娱乐空间一样，属于比较大众化的休闲娱乐场所。棋牌、游戏娱乐空间有多种形式，例如棋社、台球厅等。通常，在建模时将这类空间分为前台接待区、大厅娱乐共享区、VIP包房区、卫生间、员工休息室等基本空间。棋牌、游戏娱乐空间应重点渲染轻松愉快的空间氛围，还需要对娱乐设备进行合理的空间布局，避免消费者之间相互干扰。对于游戏空间，特别要提出的是，游戏的参与者大多是儿童，装饰的布置应注意避免尖锐的或不稳定的造型，避免碰撞过程中出现受伤。游戏娱乐空间灯光布置应按照游戏主体的特性进行具体分析，不可一概而论。对于需要特殊照明的设备，应提前与业主及设备厂家进行沟通，方可进行设计。如图3-2-13、图3-2-14所示。

图3-2-13 棋牌室

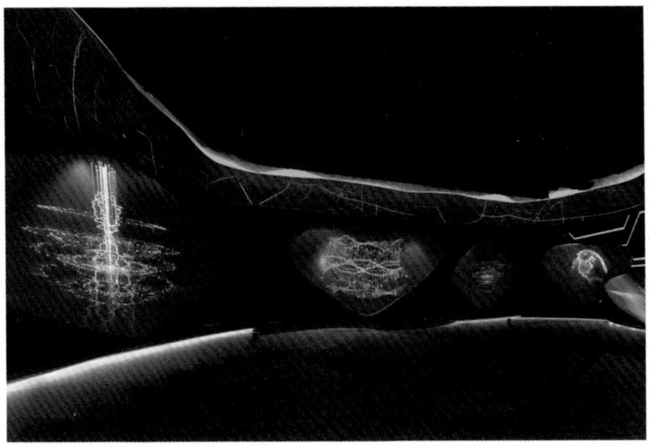

图3-2-14 游戏空间

第三节 3DMax/V-Ray餐饮娱乐空间设计实例

在娱乐业不断成熟的今天，由于娱乐模式及消费群体更加明显化及专业化，所以在项目策划的时候首先必须要明确方向，确定娱乐的模式及不同的消费群体。在本例中采用最多的是空间元素波折线，螺旋状的顶灯使空间变得富于活力。

[实例一]

1.简介

本例使用“可编辑多边形”的方式进行框架的构建，空间中的框架结构使用“可编辑多边形”进行编辑，然后配合“挤出”“扭曲”“FFD”修改器进行建立，其他模型也都大同小异，最后调整好比例和位置即可，最终的效果图如图3-3-1所示。

从模型创建到场景调整，温习各种材质的操作技法，完成娱乐场景的表现效果，最后使用Photoshop进行后期图像处理。为了制作出逼真的材质效果，需要对现实中的物体属性和材质编辑器中的参数有一定的认识和理解。

2.模型的制作

在3DMax左上角的“Max”文件中导入CAD文件，框选CAD成组，并冻结选定对象，点击快捷键“A”“S”，打开“2.5维捕捉”和“角度捕捉”，打开“角度捕捉”卷展栏，勾选“捕捉到冻结对象”。如图3-3-2所示。

图3–3–1　娱乐会所效果图

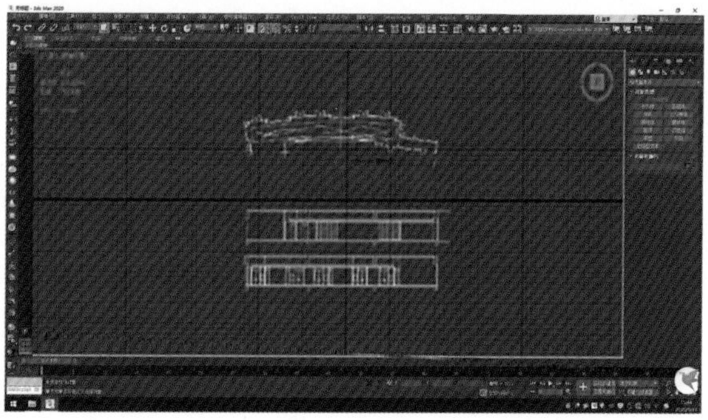

图3–3–2

在界面的正下方有一个“坐标参数区域”，在“冻结对象”重心的位置右键点击设定坐标为“X:0mm，Y:0mm，Z:0mm”，方便后期建立墙体。如图3–3–3所示。

在“创建”面板“图形”中选择“样条线”卷展栏中的“线”，进行描点。如图3–3–4所示。

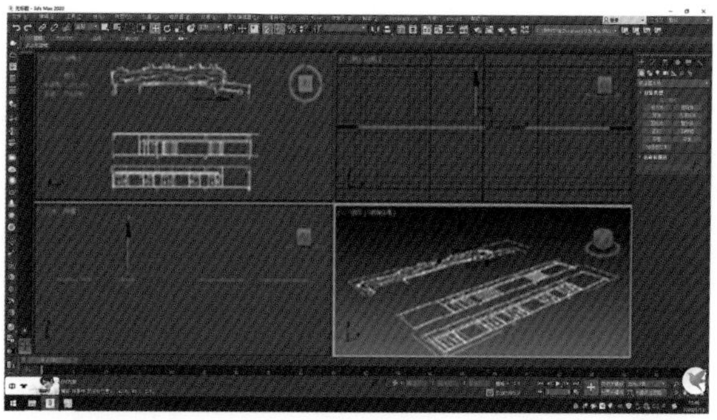

图3–3–3

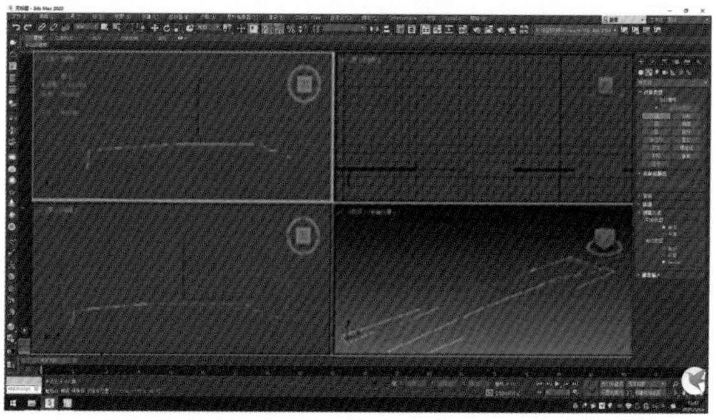

图3–3–4

在“修改器”面板中添加“挤出”命令，如图3–3–5所示，挤出房体。

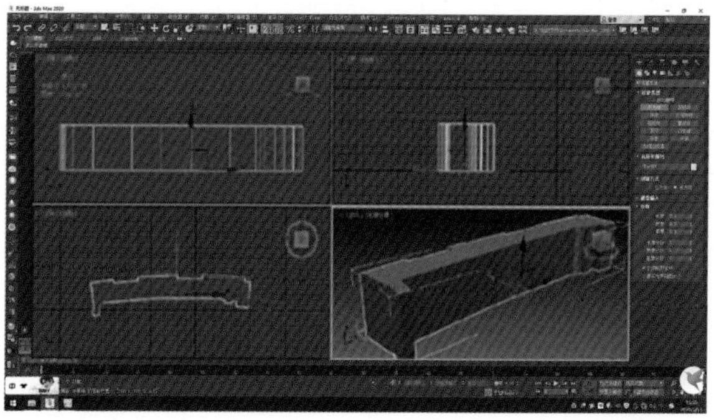

图3–3–5

3.摄像机的设置

模型制作完成后，首先要做的就是为场景创建摄像机，一张优秀作品的摄像机构图非常重要。摄像机的角度要根据场景的不同而进行横纵比的调整。

回到“创建”面板，单击“摄像机”按钮，再单击“目标”按钮，在顶视图里拖动鼠标建立摄像机。如图3–3–6所示。

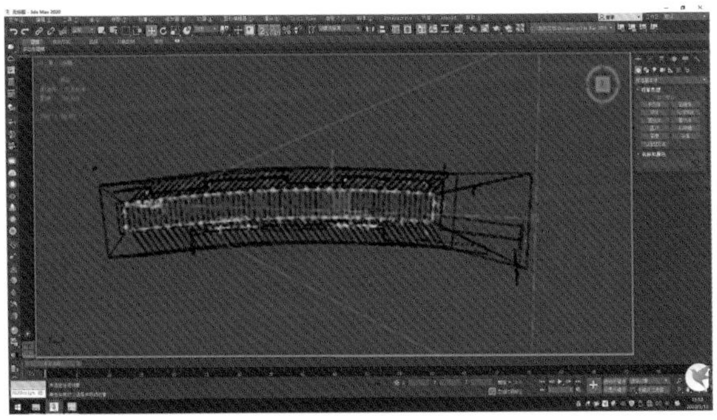

图3-3-6

在透视图中选择“摄像机”，将“摄像机”的“*Y*”轴高度降低。如图3-3-7所示。

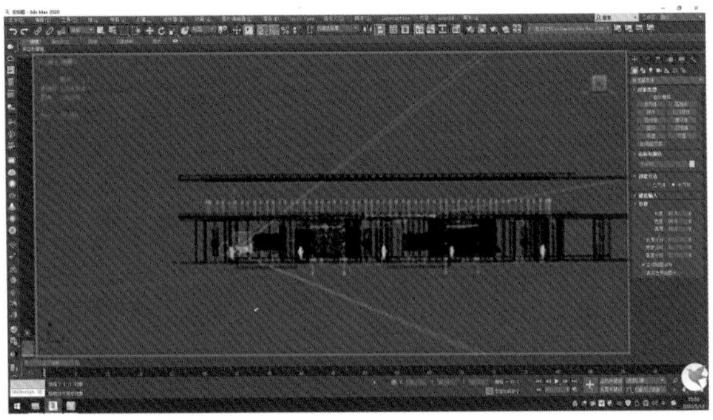

图3-3-7

选择任意视图，按“C”键进入“摄像机视图”，观察摄像机视图效果。如图3-3-8所示。

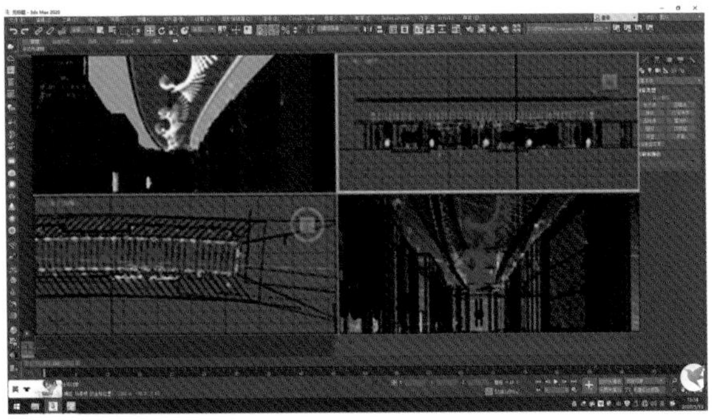

图3-3-8

提示：将木材赋予“木饰面”模型，在修改器面板中添加“UVW贴图”修改器，并添加长方体修改到合适的比例。在修改器面板中加入“FFD2×2×2”按钮。

在前视图中进入摄像机的位置之后，观察摄像机视图的最终效果。如图3-3-9所示。

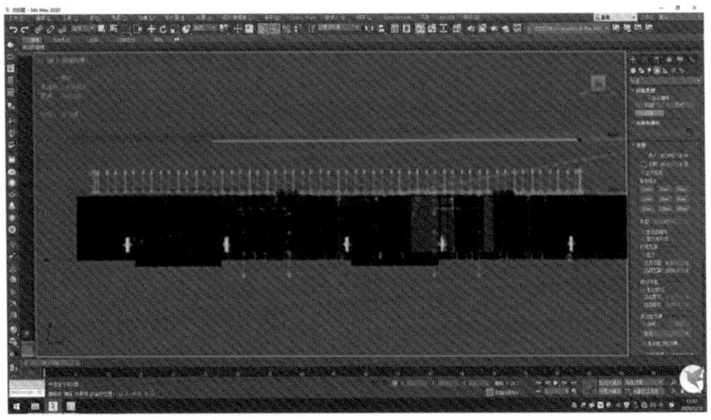

图3-3-9

4.Object彩色通道大图的渲染设置

“Object彩色通道”可以让场景按材质进行纯色的显示，之后在Photoshop里使用魔棒工具快速选择，因此有必要配合大图渲染出来一张。如图3-3-10所示。

图3-3-10　娱乐会所通道图

有的专业效果图制作人员最多会渲染出6张不同的通道图像，除了本例中渲染出的Obeject彩色通道，还有高光通道、阴影通道、反射通道等图像，本例并不复杂，因此没有渲染出更多的通道在Photoshop中合成。

5.材质的制作和调整

（1）地毯材质

地毯材质是以天然纤维或化学纤维为原料进行

加工制成的，它是世界范围内具有悠久历史传统的工艺美术品之一，用于娱乐空间的装饰，可以产生华贵的视觉效果。

按“M”键打开材质编辑器，建立“地毯”材质，为“漫反射”加入“位图”贴图，在“贴图”选项“凹凸”通道中也添加一张“位图”贴图“地毯.JPG”，设置贴图强度为30。如图3-3-11所示。

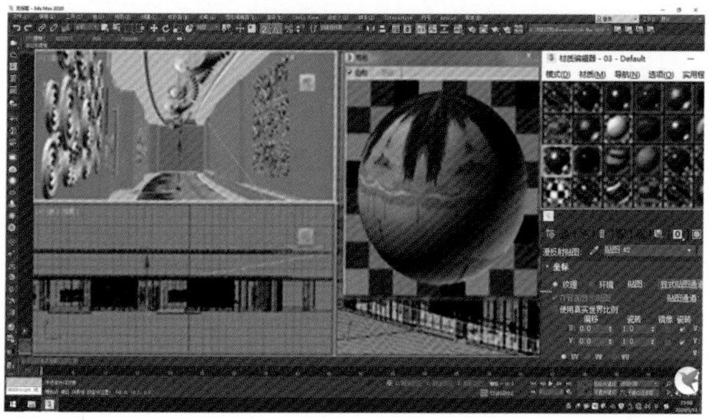

图3-3-11

在材质修改器面板中将材质赋予地面模型，在修改器面板中添加“UVW贴图”，在卷展栏中选择“长方体”调整到合适的比例。如图3-3-12所示。

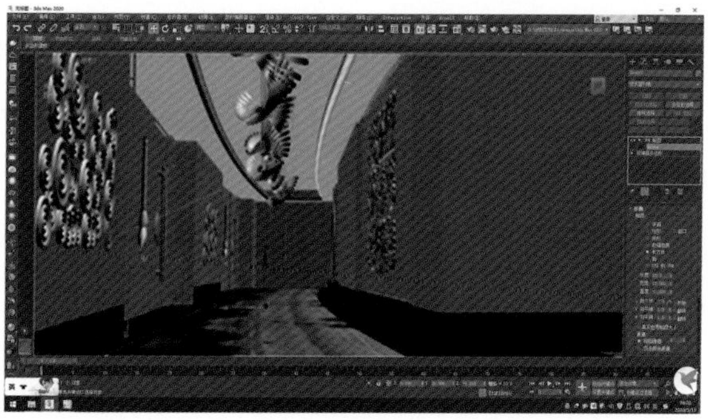

图3-3-12

提示:关于凹凸通道贴图的使用，材质编辑器的“凹凸”“不透明度”“置换”等通道对于黑白贴图的计算更加精准，因此尽量使用这类通道来添加贴图。

（2）木饰面板材质

单击“M”打开材质编辑器，建立“木饰面”材质，为“漫反射”加入“位图”贴图，在“反射”卷展栏中修改“高光光泽度”为0.7，“反射光泽度”为1.0。如图3-3-13所示。

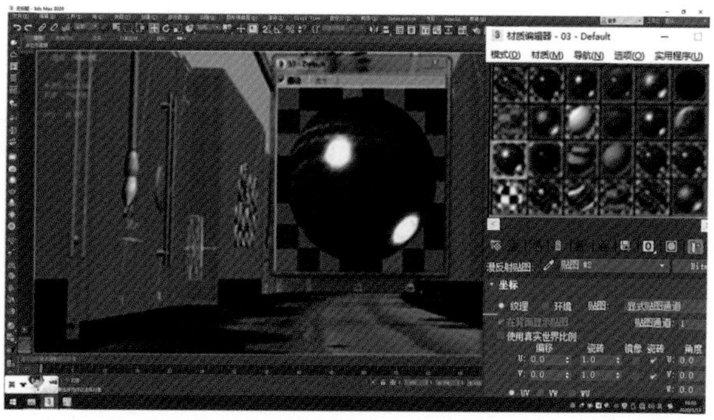

图3-3-13

将木材赋予“木饰面”模型，在修改器面板中添加“UVW贴图”修改器，并添加长方体修改到合适的比例。在修改器面板中加入“FFD2×2×2”按钮。如图3-3-14所示。

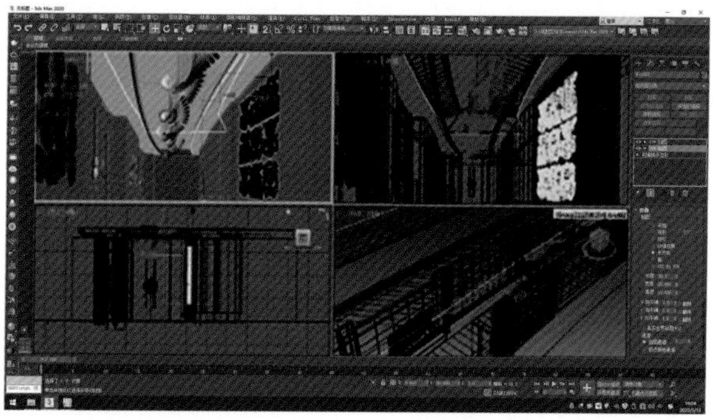

图3-3-14

6.灯光的设置

由于本案是室内场景，使用的是人工照明，也就是顶灯和筒灯相结合进行照明。将光源按照亮度和样式进行分类，可以使看似复杂的光源变得简单。

在“创建”面板中单击“VR-灯光”按钮，在顶视图中拖动鼠标建立一个VR灯光，调整到合适位置。如图3-3-15所示。

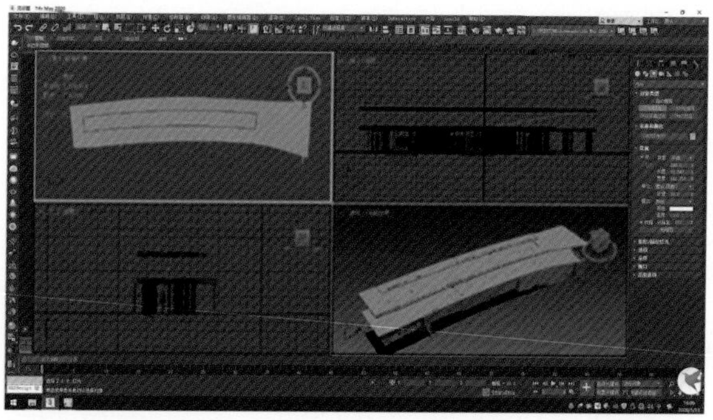

图3-3-15

切换到前视图中建立的灯光，翻转180°并调整好高度，选择灯光复制关联，在顶视图中按住“Shift”选择实例复制，制造出灯带的效果。如图3-3-16所示。

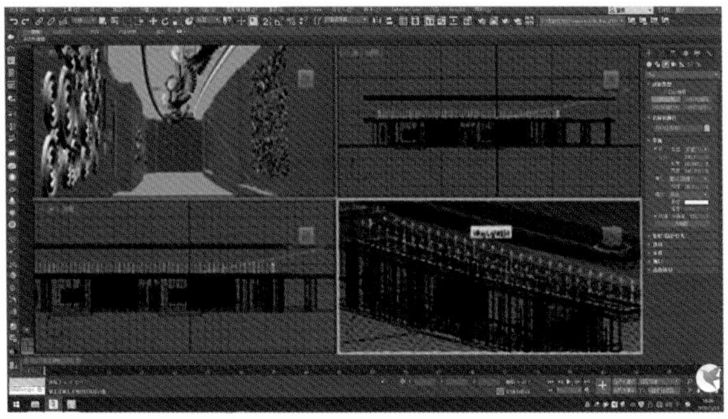

图3-3-16

选择灯光来到“修改”面板，设置灯光的属性，更改“倍增”为5，勾选“不可见”复选框，调整灯光到适合的暖黄色，调高灯光细分会使灯光更加细致。如图3-3-17所示。

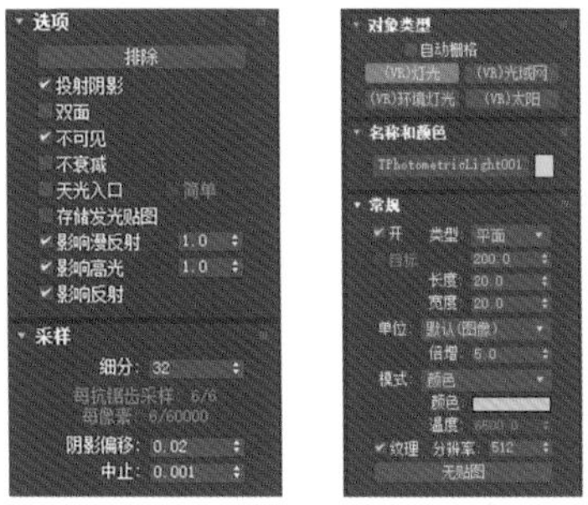

图3-3-17

在“创建”面板中选择“切角长方体”，建立一个切角长方体并旋转制作成蝶形模型，绘制一条曲线，按住“Shift+I”利用间隔工具拾取曲线进行实例复制，制造出S灯带的效果。如图3-3-18所示。

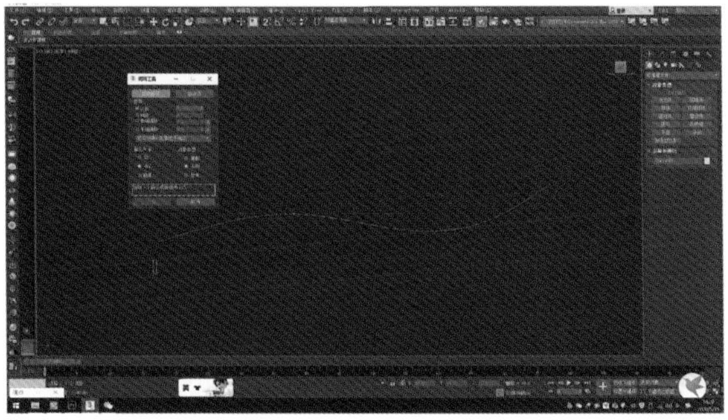

图3-3-18

在修改器面板中选择“扭曲”按钮，单击“角度”卷展栏，设置到合适角度形成扭曲带状。如图3-3-19所示。

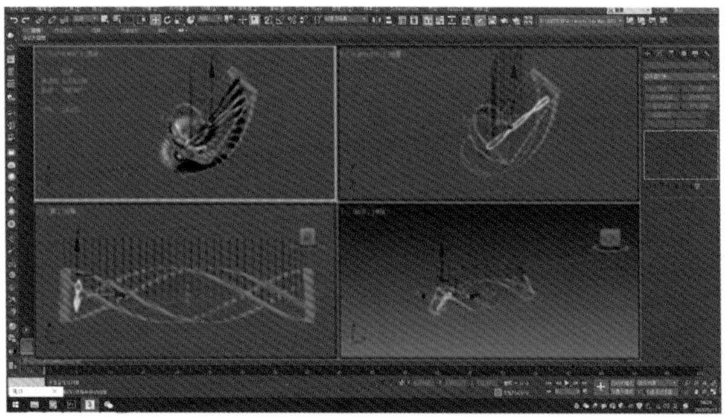

图3-3-19

7.顶灯材质的设置

照明用品，泛指可以照亮的用具。在古时“烛”是一种由易燃材料制成的火把，用于手持的已被点燃的火把，称之为烛。

单击“M”键打开材质编辑器，建立“灯光”材质，在材质选项中添加“多维”子材质，如图3-3-20所示。修改数字为2，材质1为透明VRayMtl材质，材质2为VRayMtl灯光材质。

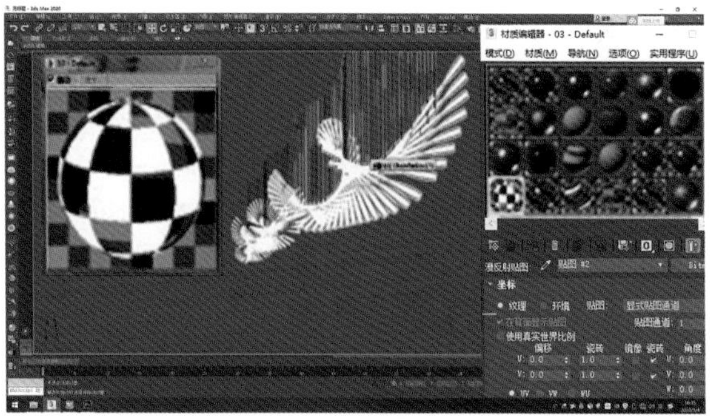

图3-3-20

添加材质后的效果。如图3-3-21所示。

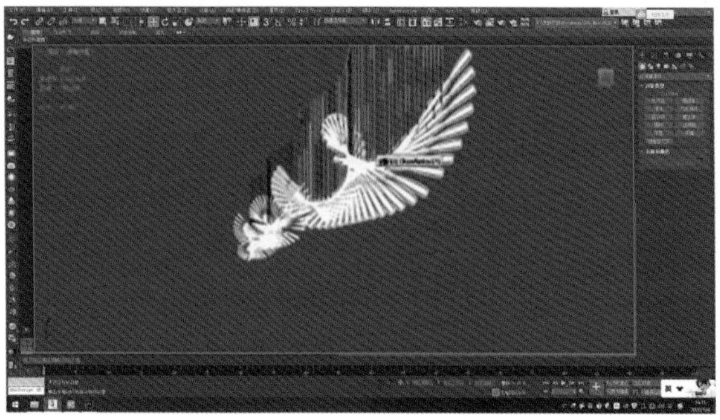

图3-3-21

在菜单栏中选择“Max脚本-运行脚本”命令，选择“BeforeRender”插件，勾选“转换所有材质”复选框，然后单击“转换为通道渲染场景”按钮。如图3-3-22所示。

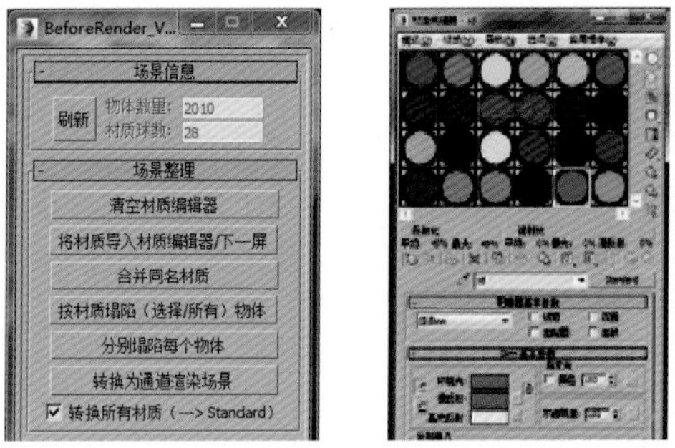

图3-3-22

系统弹出材质编辑器，可以看到都是纯色且“自发光”为100的材质球。如图3-3-23所示。

图3-3-23

在“渲染设置”窗口取消对“覆盖材质”复选框的勾选。如图3-3-24所示。

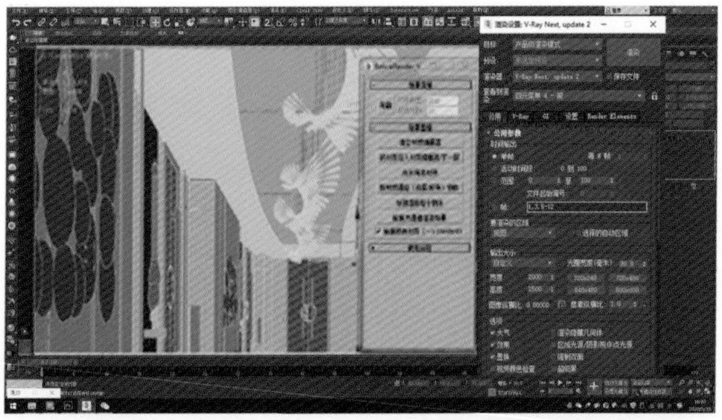

图3-3-24

单击“渲染”，把渲染好的图像保存为“娱乐空间.PNG”图像文件。如图3-3-25所示。

图3-3-25

8.渲染参数设置

在整体模型材质和灯光确定后，需要对整体大图渲染参数进行设置。

（1）渲染器的设置

按“F10”键打开“渲染设置”窗口，在“公用”选项卡下展开“指定渲染器”卷展栏，在“产品级”中单击右侧的“...”按钮。如图3-3-26所示。

在系统弹出的“渲染器”对话框列表中双击“V-Ray Adv3.00.08”选项，完成渲染器的切换。如图3-3-27所示。

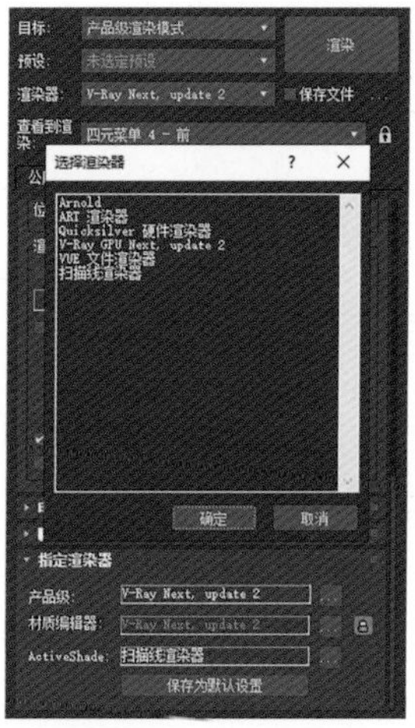

图3-3-26

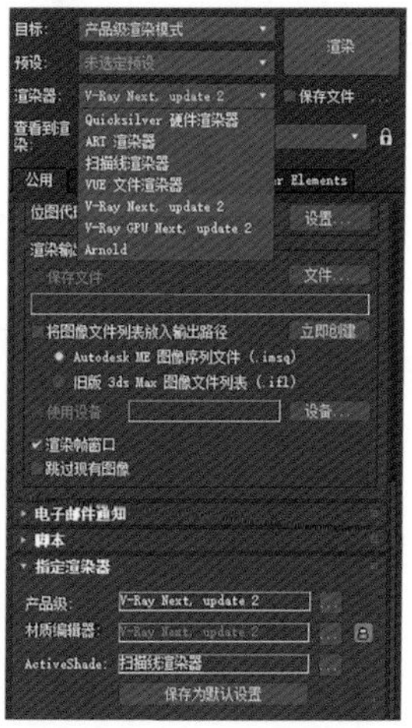

图3-3-27

按“F10”键打开“渲染设置”窗口，修改“宽度”为2000，设置图像纵横比为0.8，由于锁定了纵横比，因此“高度”计算为2500。如图3-3-28所示。

进入“V-Ray”选项卡，不勾选“不渲染最终的图像”复选框。设置图像采样类型为“自适应”，图像过滤器为“Catmull-Rom”，这样可以产生清晰的边缘。如图3-3-29所示。

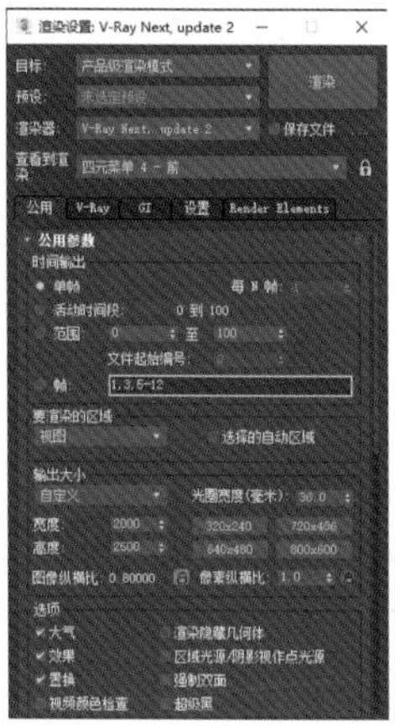

图3-3-28

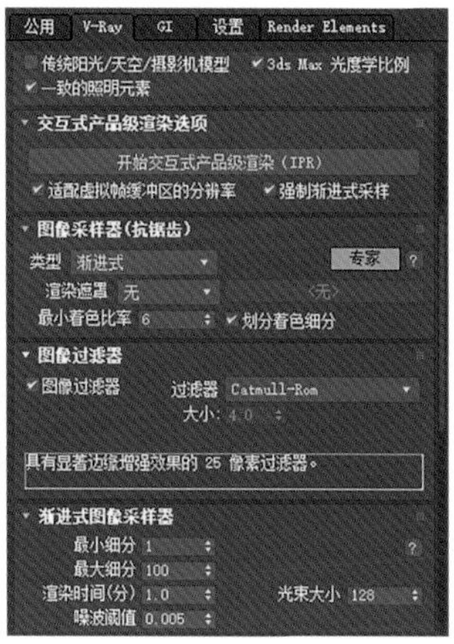

图3-3-29

打开“GI”选项卡，启用“全局照明”，设置首次引擎“发光图”，二次反弹“灯光缓存”，发光图当前预设“高”，“细分”为80，“插值采样”为40，打开“灯光缓存”卷展栏，设置为1000。如图3-3-30所示。

图3-3-30

设置完成后保存图像为“娱乐空间.PNG”，如图3-3-31所示，注意不可以保存为常见的JPG格式。

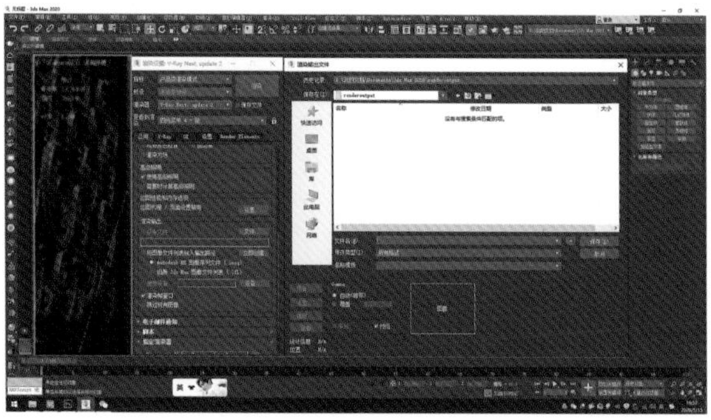

图3-3-31

9.什么是PNG格式

PNG（Portable Network Graphics）是网上接受的最新图像文件格式。PNG能够提供长度比GIF小30%的无损压缩图像文件。由于PNG非常新，所以目前并不是所有的程序都可以用它来存储图像文件。

10.图像后期处理

图像后期处理是效果图制作比较重要的一步，要从整体对图像进行素描关系和色彩关系的调整，从整体出发来看待图像。后期处理通常使用Photoshop软件来完成，本案的版本是PhotoshopCS6。

打开PhotoshopCS6软件，可以看到其界面是黑色风格。如图3-3-32所示。

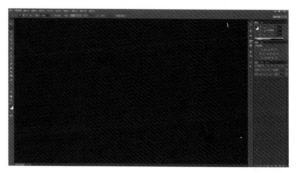

图3-3-32

打开渲染出的大图图像，将其他几张图像拖拽到大图里。如图3-3-33所示。

图3-3-33

按“Ctrl+I”组合键打开“色阶”对话框，调整图像。如图3-3-34所示。

按“Ctrl+M”组合键打开“曲线”对话框，调整图像。如图3-3-35所示。

图3–3–34

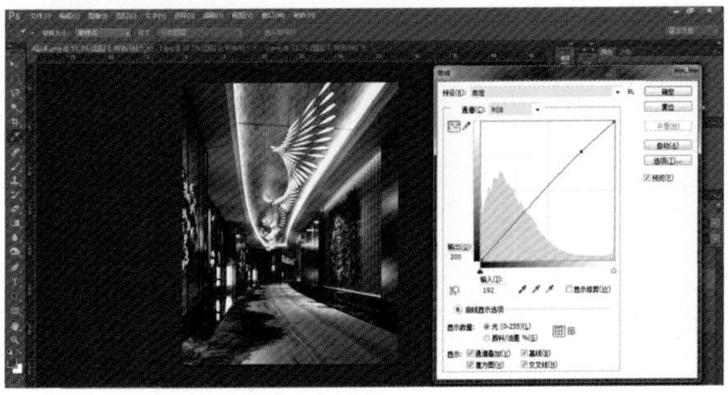

图3–3–35

在菜单栏中选择“图像>调整>亮度/对比度”命令，设置“亮度”与“对比度”，观察图像。如图3–3–36所示。

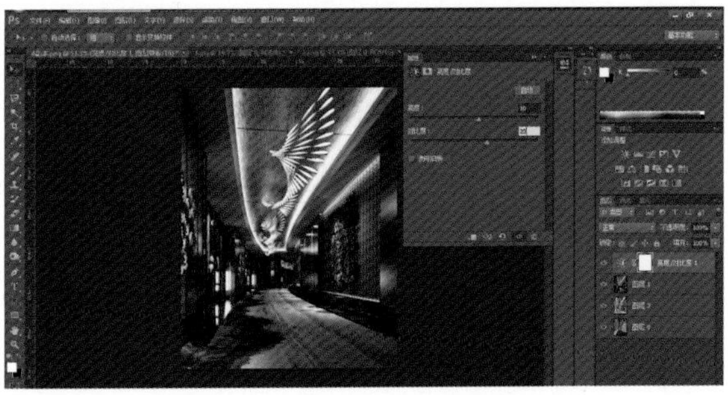

图3–3–36

使用“矩形选框”工具进行框选，并对选区进行羽化，设置“羽化半径”为100像素。如图3–3–37所示。

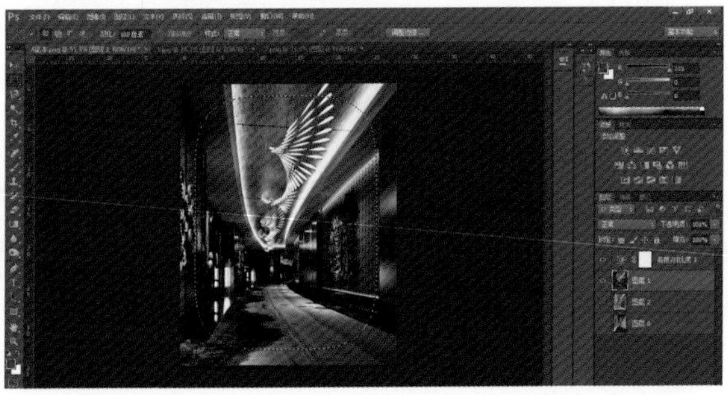

图3–3–37

提示：注意前景暗、中景亮的关系，要进行边角的压暗，因为现实中的相机会有边角压暗的效果，这种效果可以突出画面中心，有利于进一步拉开画面的层次。

[实例二]

餐厅的内部空间设计就是餐厅的灵魂。在遵循餐饮空间设计原则的基础上，重点表现水平实体（如地面、顶棚）及垂直实体（如立柱、隔断、家具等）。餐饮空间的组合形式也有很多种，本例就带领大家制作一个餐厅空间的效果图。如图3–3–38~图3–3–41所示。

1.简介

本例餐厅整体造型以原木为主。在建模过程中，首先制作墙面、地面的框架，其次制作门窗模型及室内隔断等较为简单的物体，最后合并家具完成制作。

图3–3–38　局部效果图

图3–3–39　线框图

图3-3-40　模型线框图

图3-3-41　通道图

2.模型的制作

启动3DMax应用程序，创建名为“咖啡厅”的Max文件，执行“自定义”“单位设置”命令。如图3-3-42所示。

利用“单位设置”对话框，设置公制单位以及系统单位比例为“毫米”。如图3-3-43所示。

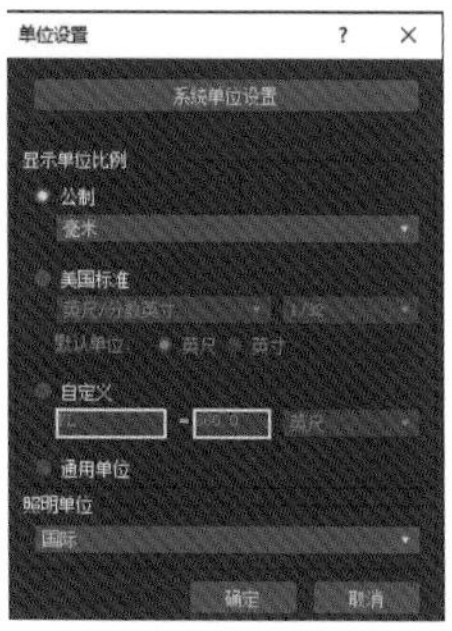

图3-3-42

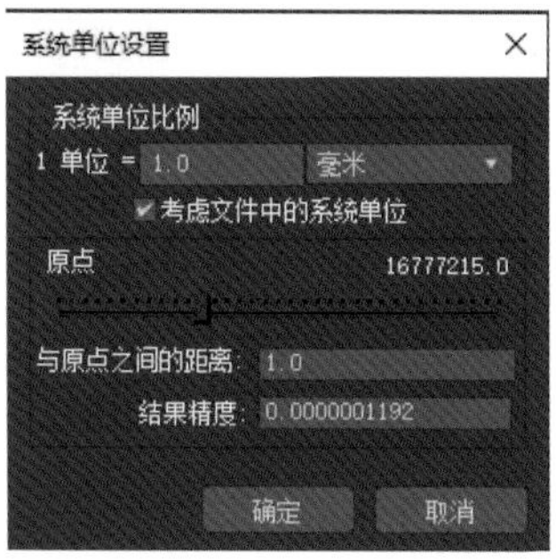

图3-3-43

在创建面板中点击“几何体”>“长方体”按钮，用矩形堆叠的方式创建空间，并进入修改器面板创建出窗户和隔断。如图3-3-44所示。

点击“长方体”按钮，用矩形创建一个墙体隔断并用“复合对象”中的“布尔”将底部掏空，制成壁炉。如图3-3-45所示。

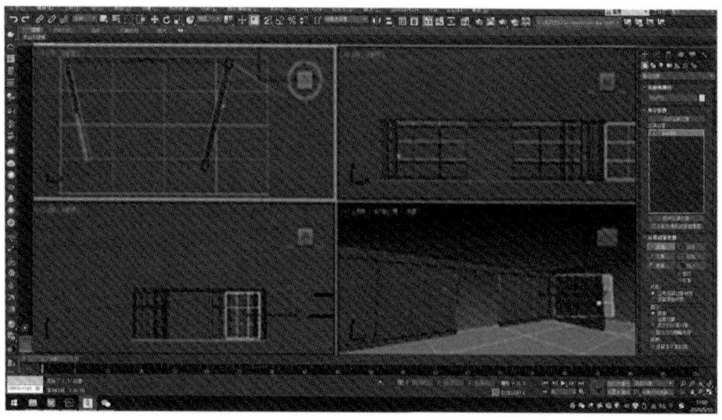

图3-3-44

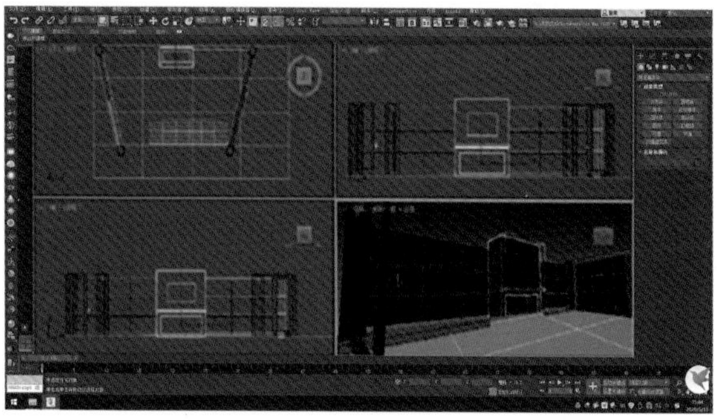

图3-3-45

执行“文件”>“导入”>“合并”，选择要导入的文件，单击“确定”按钮，将家具模型合并到场景中。如图3-3-46所示。

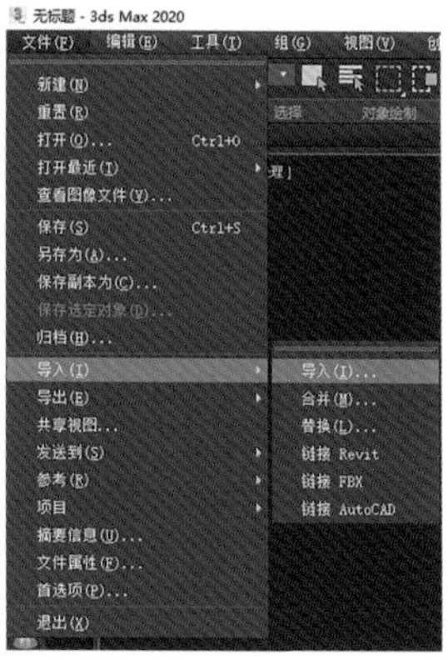

图3-3-46

在顶视图中对家具模型的摆放进行移动和旋转。如图3-3-47所示。

将模型选中，单击鼠标右键，选择“冻结所选对象”，并点击“捕捉”，选择“捕捉到冻结对象”。如图3-3-48所示。

在创建面板中选择“标准基本体”，点击“矩形”和“平面”建立屋顶。如图3-3-49所示。

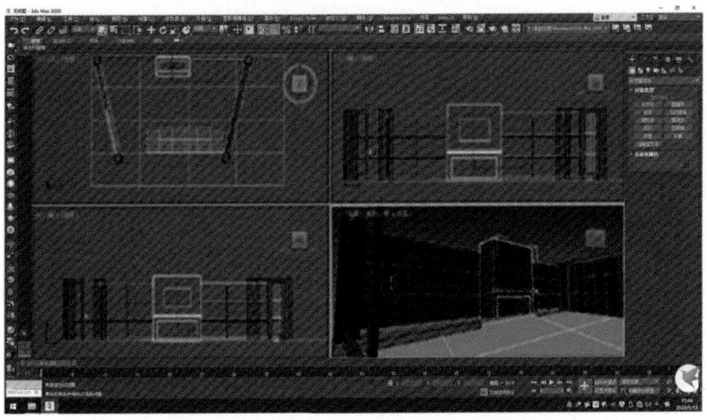

图3-3-47

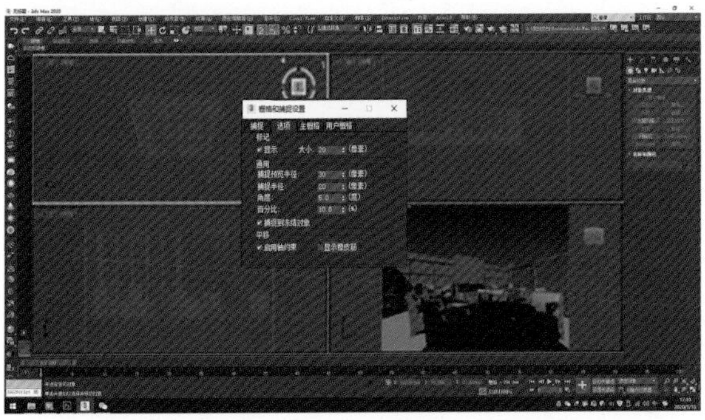

图3-3-48

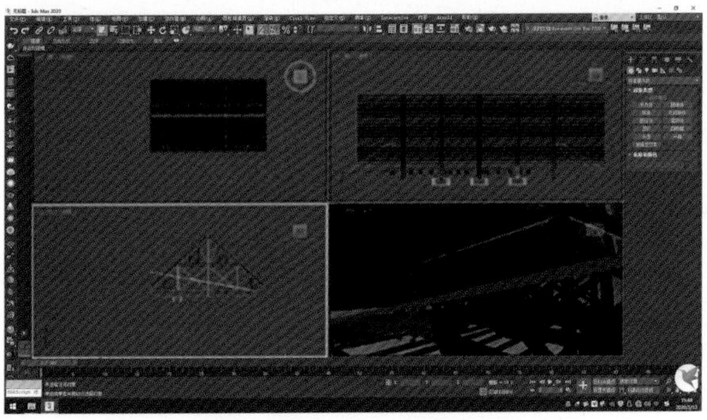

图3-3-49

3.摄像机的设置

在“创建”面板中点击“VR-相机”，选择“VR-物理相机”。如图3-3-50所示。

在透视图中选择“摄像机”，按“C”键进入摄像机视口，观察摄像机视口效果。如图3-3-51所示。

在顶视图中再次调整摄像机高度及角度，并设置镜头的“目标距离”为240。如图3-3-52所示。

4.材质的制作和调整

按住“M”键打开材质编辑器，点击“Standard”，切换成“VRayMtl”材质类型，点击确定。如图3-3-53所示。

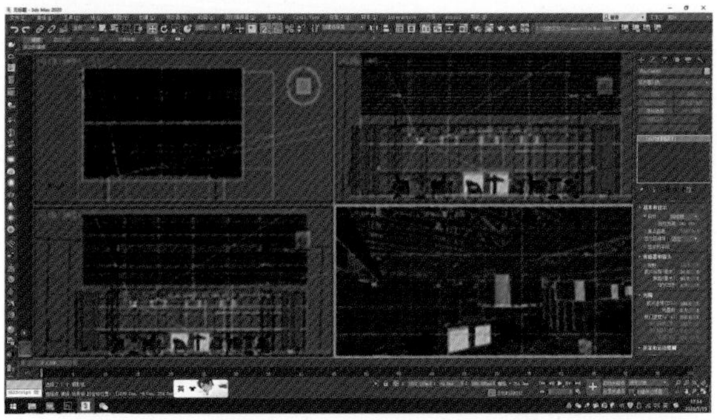

图3-3-50

图3-3-51

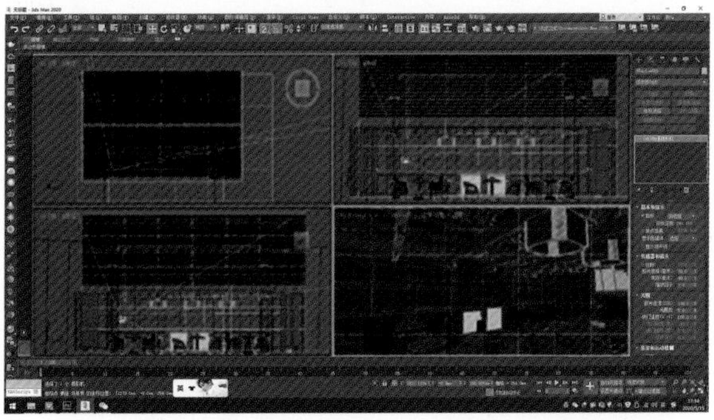

图3-3-52

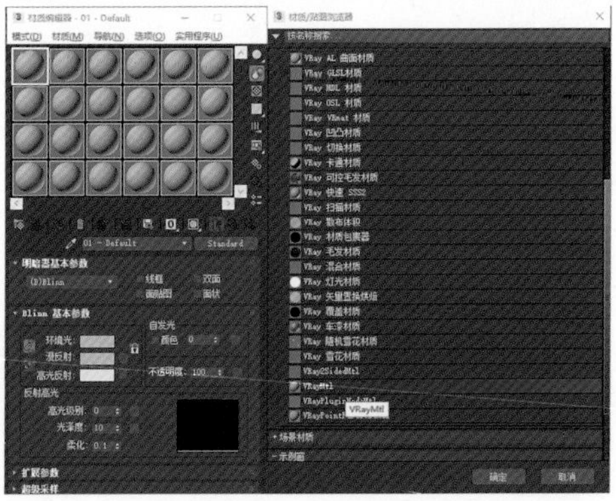

图3-3-53

(1）镜面不锈钢

按住“M”键打开材质编辑器，设置“镜面不锈钢”材质，在编辑栏中调整反射参数，设置颜色为216,216,216。如图3—3—54所示。

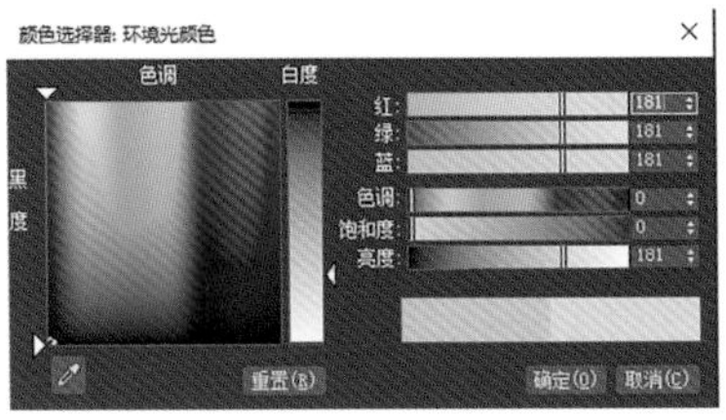

图3—3—54

“漫反射”参数设置为浅灰色。如图3—3—55所示。

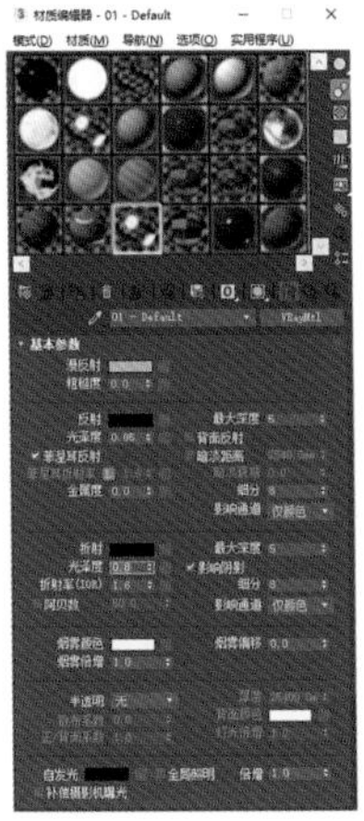

图3—3—55

将材质编辑器中的材质指定给场景中的刀叉。如图3—3—56所示。

图3—3—56

(2）木头材质

在“漫反射”通道设置一个木头的贴图。如图3—3—57所示。

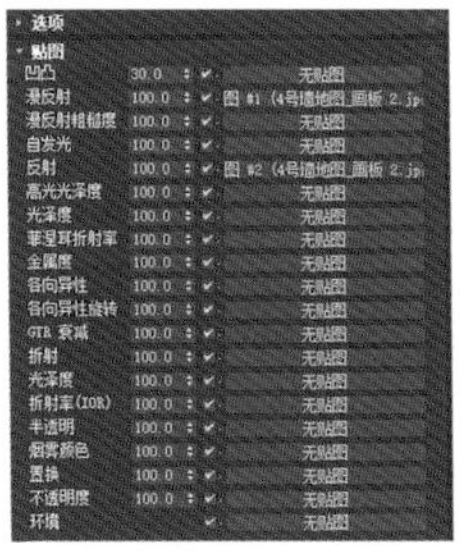

图3—3—57

调整木头材质的反射参数。如图3—3—58所示。

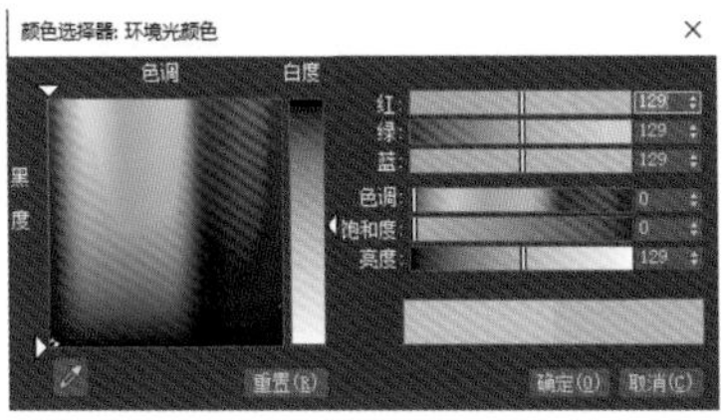

图3—3—58

设置“高光光泽度”为0.6，“反射光泽度”为0.65，“细分”为50，勾选“菲涅耳反射”，设置“菲涅耳折射率”为0.5。如图3—3—59所示。

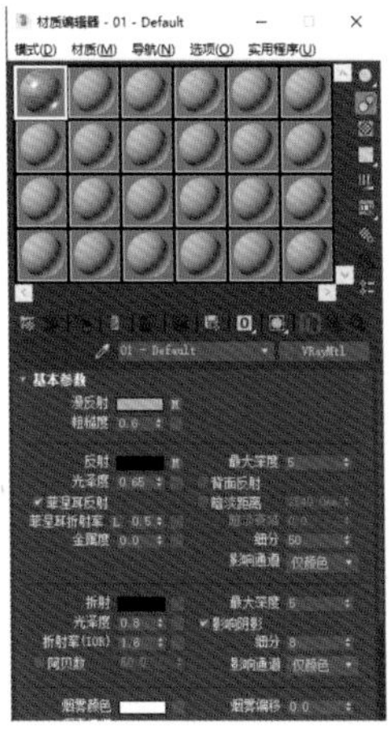

图3—3—59

点击材质球按钮，将材质指定给场景中的屋顶和座椅。如图3—3—60所示。

图3—3—60

（3）布料材质

建立“VRayMtl”材质布料，在“漫反射”通道中加入贴图。如图3-3-61所示。

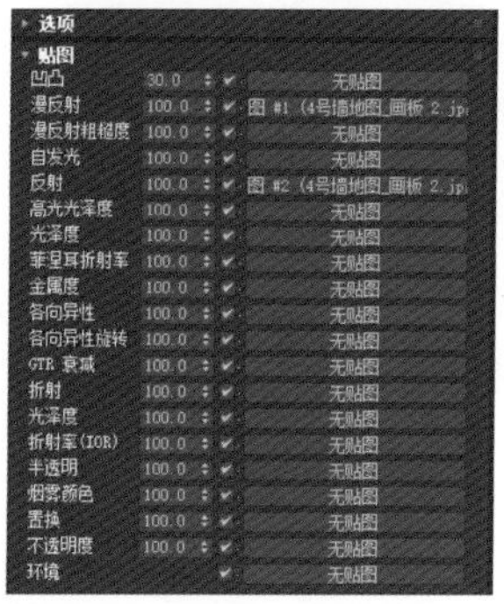

图3-3-61

设置“高光光泽度”为0.45，“反射光泽度”为0.55，勾选“菲涅耳反射”，“菲涅耳折射率”为0.5。如图3-3-62所示。

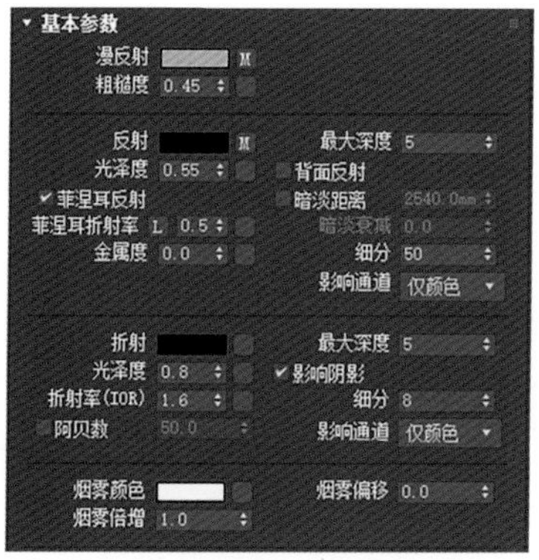

图3-3-62

点击材质球按钮，将材质指定给场景中的座椅。如图3-3-63所示。

图3-3-63

（4）玻璃材质

建立“VRayMtl”玻璃材质，调整“反射”参数。如图3-3-64所示。

点击材质球按钮，将材质指定给场景中的窗户。如图3-3-65所示。

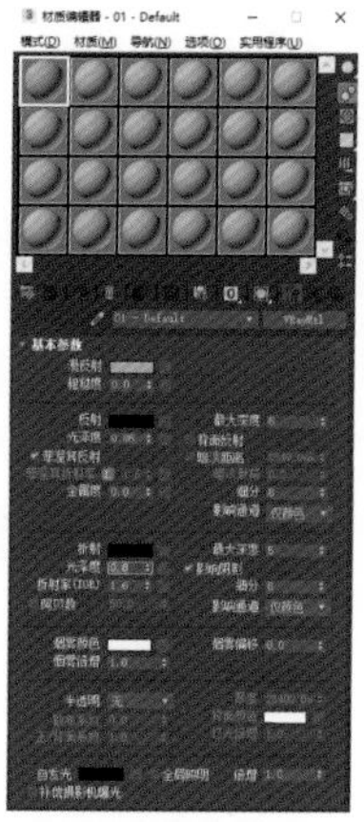

图3-3-64

图3-3-65

5.灯光的设置

进入“创建”面板，单击“灯光”按钮，选择“VR-灯光”，在室外窗户前方建立“VR-灯光”。如图3-3-66所示。

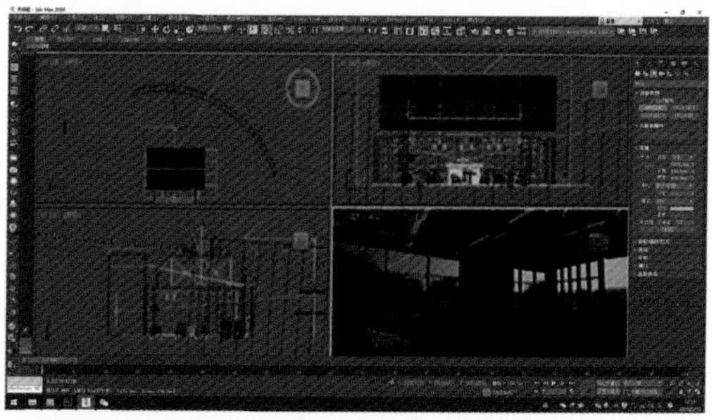

图3-3-66

设置“目标距离”为200，“倍增”为6，“灯光颜色”为冷色。如图3-3-67所示。

勾选“选项”参数区域中的“不可见”复选框。如图3-3-68所示。

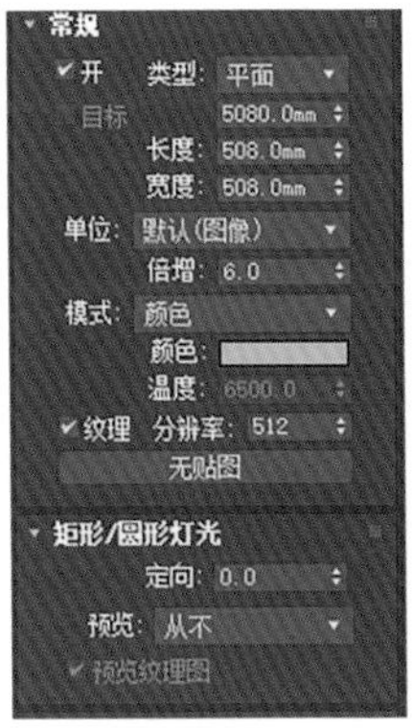

图3-3-67

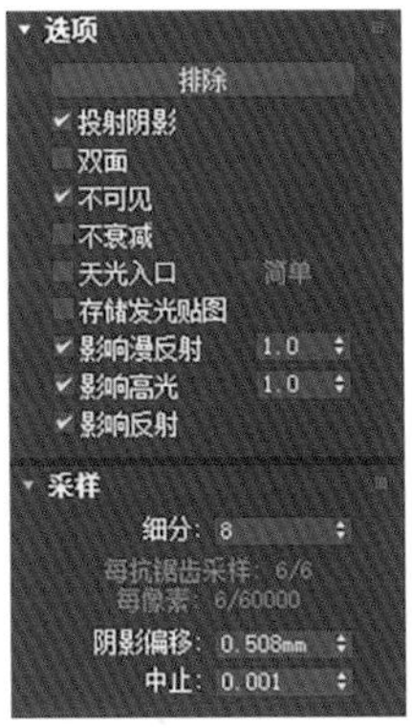

图3-3-68

在天花的筒灯下点击“目标灯光”，选择“自由灯光”，创建点光源。如图3-3-69所示。

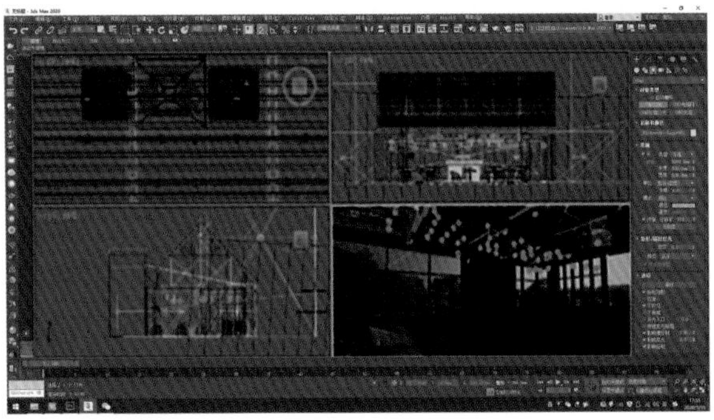

图3-3-69

进入“创建”面板并点击“灯光”，勾选“阴影”，启用“VRay-阴影”。如图3-3-70所示。

图3-3-70

选择“光度学Web”，加载IES光度学文件并调整“强度/颜色/衰减”。如图3-3-71所示。

6.渲染参数设置

按“F10”键，打开“渲染设置”窗口，将渲染器设为V-Ray Adv3.00.08。如图3-3-72所示。

图3-3-71

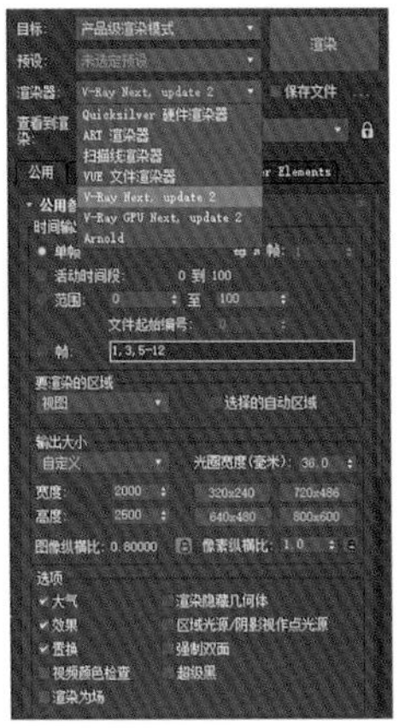

图3-3-72

打开“公用”选项卡，调整渲染图片的尺寸。如图3-3-73所示。

打开“V-Ray”选项卡，打开“图像采样器”，类型为自适应细分。如图3-3-74所示。

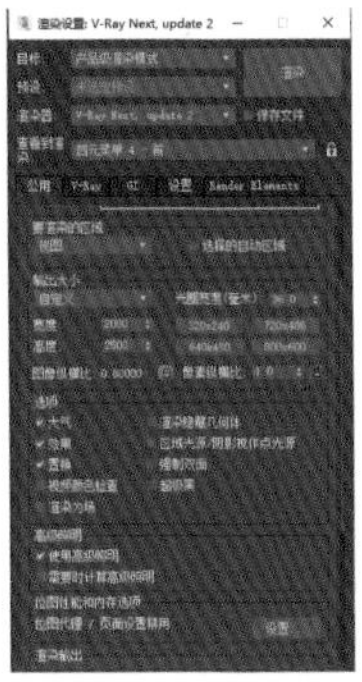

图3-3-73

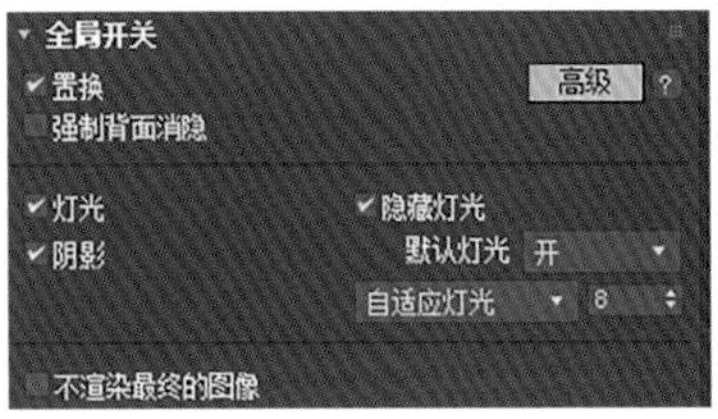

图3-3-74

“颜色贴图”类型为指数。如图3-3-75所示。

打开“全局确定性蒙特卡洛”卷展栏，“自适应数量”为0.85。如图3-3-76所示。

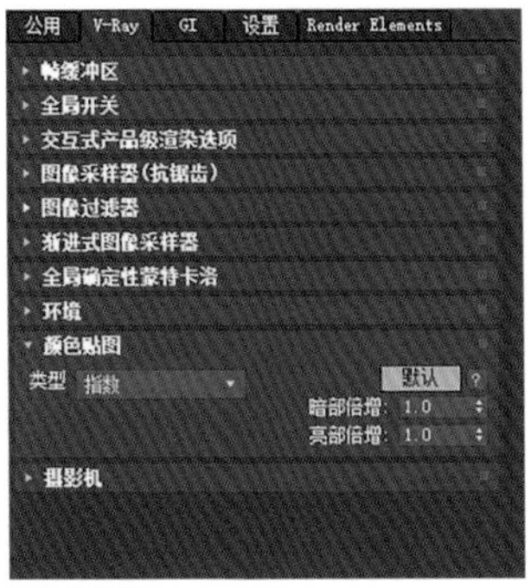

图3-3-75

图3-3-76

打开“全局照明”卷展栏，勾选“启用全局照明”“首次引擎”为发光图，“二次引擎”为灯光缓存。如图3–3–77所示。

图3–3–77

在“发光贴图”选项中，把当前预设更改为“高”。如图3–3–78所示。

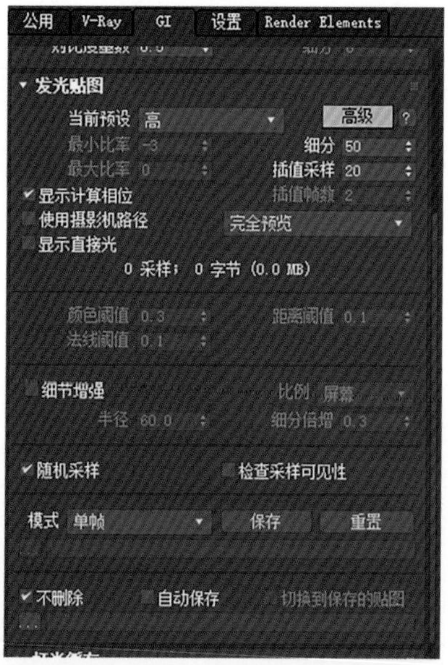

图3–3–78

“灯光缓存”细分为1000（细分越大，噪点越小）。如图3–3–79所示。

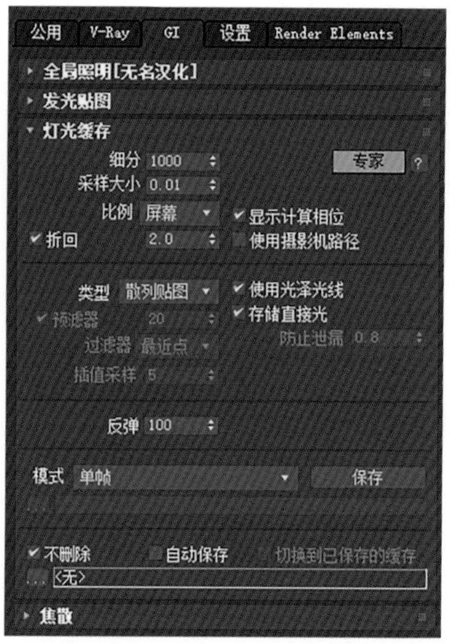

图3–3–79

最终效果图如图3–3–80所示。

图3–3–80 学生作品

小结：

本章系统讲述了一个完整的娱乐空间创建材质、灯光、渲染以及后期处理的过程，讲解了相关技术，运用了大量工作中的实际操作技巧。

如果说建模是通过勤奋的练习可以快速掌握的话，那么渲染则是不可能速成的，需要反复调整参数，深刻理解那些参数的含义才可能做出优秀的效果。读者需要用心去体会一些好作品的表达理念，从而创作出更好的空间效果。

「第四章　3DMax/V-Ray 展示空间设计及工程实例」

本章重点

1. 了解展示空间的产生及发展。
2. 掌握展示空间设计的基本要求。
3. 熟练掌握文博类、商业类、会展类展示空间的各自建模特点及渲染特点。
4. 熟练掌握用 3DMax/V-Ray 对展示空间进行综合性建模的方法、灯光的渲染技巧和高级材质的设置方法。

学习目标

通过本章的学习，充分了解展示空间的特点和展示设计的基本要求，对各类展示空间的设计有充分的认识，熟练掌握展示道具的建模及渲染方法。不同环境下展示空间灯光的渲染是难点，需强化。通过对实例的学习，最终熟练掌握展示空间建模及渲染的技巧。

建议学时

5 学时。

第四章　3DMax／V-Ray展示空间设计及工程实例

第一节////展示空间设计概述

一、展示空间的发生与发展

展示最早可以追溯至古代社会，是人们在满足基本生活条件后，对自身发现美好的、新奇的、有益的事物或心理思维发泄通道的一种基本诉求，是基于表现的心理而产生的一种行为方式。

最初的展示行为基于人们吸引和收藏的心理。突发的事件或者奇异的事件，激发了人们的好奇心，因而形成了围观的现象。另外一种是基于人们对美好事物发现并进行表现的心理，对美好事物的欣赏，成为最初展示行为出现的载体和契机。

另外，对展示空间的发生和发展从历史沿革的层面进行分析。经过从原始的祭祀和宗教的崇拜到古朴的商业展示，再到19世纪中期真正意义上的展示活动的形成，直到今天以人为本、注重信息有效传播的展示设计理念的确立，展示空间设计在不断顺应时代发展的同时得以延续。如图4-1-1所示。

图4-1-1　展示空间

1.远古时代的宗教祭祀和物物交换

古代人类生存能力较弱，生存条件差，经常受到来自自然和环境的灾难影响以及野兽的攻击。这时出现了原始的图腾崇拜，人们将无法解释的自然现象归于神灵的杰作，将一些自然灾害与周围环境中存在的动植物相联系，逐步形成了原始的祭祀活动。人与人之间的物物交换使展览进入最原始的萌芽阶段，原始社会和奴隶社会出现具有展览形态的活动。这一时期由于生产力的发展和生产工具的进一步改善，社会剩余价值和社会分工出现，人们开始对生活中无法消化的剩余物品进行有意识地出售。在交换中，将货物摆放在售卖者前面，进行分类，把漂亮的、好看的物品放在吸引人的地方，把贵重的物品单独摆放。这就是最古朴的商品展示。在摆放售卖的过程中逐步出现了摆放物品的台面，这些物品及环境所形成的空间，是最初商品展示道具的雏形。

2.封建社会的宗教活动和商业活动

这一时期出现了宗教活动的空间，例如庙宇神殿、教堂和石窟等。人们开始有意识地将人群集中起来，对崇拜的对象进行集中展示。这种展示行为成为后期文化性展馆出现的雏形。如图4-1-2所示。

图4-1-2　宗教祭祀

图4-1-3　清明上河图

行展览，具有一定的规律性和逻辑性。这种展览形式可以摆放同种类多件商品，使人们能够直观地认识这一品牌的多种商品的样貌，形成一个较为深刻的品牌印象，整体性较强。第二，场景展，通常是将商品放置在一个特定的生活或工作情节中，类似于电影中的某个片段，有触景生情的心理作用。商品作为场景中的重要角色，在展示其使用范围的同时，引导顾客产生对商品的联想和想象，从而达到销售的目的。第三，季节性展，通常是基于售卖商品淡旺季的销售问题而进行的设计，其橱窗展示按照不同季节进行，挑选该季节最适合的商品进行展示，最大限度地利用橱窗的展示空间，对商品进行定位和宣传。

在橱窗设计的建模和渲染中，除了要考虑商品的固有形态，还要考虑灯光与商品固有色之间的关系，更要注意一些特殊性的装饰元素的建模和渲染，这些元素的建模和渲染相对于普通展示空间来说会复杂得多，属于建模和渲染的高级阶段。

二、展览展会空间设计

自第二次工业革命以来，传统的生产生活工具产生了巨大的变化，人们的生活方式开始改变，生产工具和产品的种类及数量呈倍数增长。展览展会也开始了全新的发展模式，新型的文化产品、科技产品、工业产品、农业产品、日用品、食品等产品的博览会呈现出蓬勃发展的趋势。这些产品的展示以宣传和销售为目的，在展会中为大众所认知。展览展会的规模较大，是产品全面展示自身形象的展示活动。展览展会通常将展示空间场地分割成若干大小相同的块，各个品牌商可以按经济实力自由地选择分割块的多少，对自身选择的区域进行布置展览。

1.大型产品展示空间设计

大型产品的展示包括汽车展、工业机械设备展、农业机械设备展等。大型产品的展示要求空间大，出入口宽。由于这类展品大都形态较大，个体重量很重，因而对地面的材质要求较高。由于高举架的原因，导致采光难度的增加。设计师通常只需要设计该品牌的展位空间即可，但同时也需要考虑周围参展品牌的色彩和灯光及通道等多方面的因素，使展示流线更加顺畅，展示形象更引人瞩目。在设计大型产品展示空间照明系统时，除了设计建筑空间所提供的公共光源以外，还需要设计自身展区的独立照明，对重点展品进行特殊照明布置，对装饰性背景板的照明系统也要充分进行考虑。大型产品展示的空间功能相对更加全面，包括主背景展示展板、接待台、产品展示区、洽谈区等区域。如何合理地协调各展示区域的大小和区域位置，直接影响观众的视觉感受；如何利用设计元素最大限度地吸引观众的眼球，加深观众对产品的印象，是设计师的设计重点。设计元素包括标志展板的元素和色彩的结合方式、展品实物的摆放位置和展台的设计、服务台的造型和色彩搭配、洽谈区家具样式和色彩的选择。如图4-2-10所示。

图4-2-10　大型产品展示空间

2.中小型产品展示空间设计

中小型产品展示包括轻工业产品、电子科技产品、服装产品、食品、日用品等，这类产品的展示空间通常为若干格子形展示空间。由于参展商较多，商品种类复杂，能否在众多的商品中脱颖而出就成为参展商面临的问题。因此，如何在最短的时间内使自己的产品给观众留下最深刻的印象和最强烈的体验感，就成为设计师需要解决的问题。设计师需要利用多种设计语言和设计手段对展示空间进行设计，例如采用鲜明的大对比颜色突出产品的特色，如图4—2—11所示。或者采用醒目的色块、较小的字体和标识吸引人群近距离观看产品。还可以采用引导式布局，使人群走进来进行面对面的交流。在3DMax建模时，需要设计师充分考虑周围参展商的空间布局形式，并考虑本区域的合理化平面布局，同时根据该产品的特色对版面色彩和灯光进行合理的布置。如图4—2—12所示。

图4—2—11　学生作品

小型产品的展示道具可以是标准展览用具，例如球形杆架、标准展台、标准展板等。这些展示道具不需要建模，在市面上能够购买到的，在模型库中就能够找到，但在建模时，需要设计师对模型的尺度进行调整，匹配自身设计的展示空间，如图4—2—13、图4—2—14所示。对于特殊的展示道具，

图4—2—12　学生作品

图4—2—13　学生作品

则需要设计师按照空间及业主要求进行模型的创建。通常小型产品不需要单独设计照明系统，设计复杂程度也相应减小。无论大型产品展示还是中小型产品展示，由于其展示的时间不长，通常展示周期为7～15天，能够提供给参展商的布展周期一般不超过一周。因此在展示空间的设计上都要求具备简单易拆卸的特点，大多数展示道具都在加工厂完成，在展览布展期间只需要简单的搭建即可。这就要求在建模设计中，设计师要将模型搭建进行可拆卸分割点设计，拆分成多个单元体，并提供标注单元体的位置和搭建图纸，以便于施工人员现场灵活组装。在3DMax建模时，设计师运用自身的施工经验，对设计造型进行分割，最大限度地利于运输和施工的便捷，缩短工期。

图4-2-14　学生作品

三、文化性展示空间设计

文化性展示空间是指能够代表一定年代或某个区域或某种文化的人文历史的综合性展示。文化性展示自人类社会产生开始，人们开始运用记号和图形来记录生活生产的点滴，这些记录可能是人类早期对日常生活中狩猎、劳作、生产的记述。文化性展示是历史的积淀，是对祖先创造的文化的认可和尊重。

1.博物馆展示空间设计

博物馆，顾名思义，以博物见长。通常展示具有文化性质的历史物品，属于历史的见证，世界各国都有不同形式、不同风格的博物馆。不同历史时期的文化艺术形式贯穿人类文明发展的始终，这些文明在出土的文物和收藏的文物中充分地体现出来，在人类居住的建筑环境中也大量存在。人类的文字、语言、艺术、绘画、音乐、戏曲、建筑随着时间的历史进程被固化在文物中，文物的展示成为博物馆展示的重点。如何在展示空间中设计最适合该文物的展示方式是博物馆展示空间设计的难点。将文物进行合理的布置摆放，并进行良好的保存和储藏，是博物馆展示道具设计的关键点。

（1）博物馆展示的主体

博物馆展示的主体内容大多是绘画、工艺品、雕塑、出土文物、古籍著作等展品。为了使展品更好地进行展览，对于空间的要求要高于其他普通展馆，可以说，博物馆是展示陈列空间中要求最高的空间设计。文博类博物馆内除了需要恒温恒湿的环境，还需要特殊的照明器材，以免对文物造成不可逆转的损害。在照明设计中，文博类博物馆展示空间不需要均匀布置很亮的光线，在空间中，展品是被照亮的，其余环境则是昏暗的。博物馆展示的主要目的是让参观者了解展品，将展品所涵盖的信息传达给观众，过多的光线会扰乱展品的展览环境。并且，由于现代博物馆中大多数展品的展柜是利用玻璃分割参观者与展品之间的距离，玻璃具有超强的通透性，但玻璃也具有很强的反射和折射效果。如果遇到较强的外部光线，会引起反光，不利于参观者视觉观看和临场体验。自然博物馆的照明设计通常采用散点式照明，照明灯具依照光线的强弱布置在场景当中，通道需要较弱的灯光。另外，很多自然博物馆以采用天光照明为主、局部结合人工照明为辅的空间设计形式，这种设计有利于还原空间场景在自然环境中的直观感受，因为大自然中的太阳光是无法复制的，所以这种空间多为自然博物馆大量运用。如图4-2-15所示。

（2）博物馆展示空间设计的构成要素

博物馆展示空间的构成要素包括展柜、展台、展板、场景、多媒体等。通常，小型文物展品采用展柜的形式进行表现，特殊的重点文物采用独立展柜，适合360°观看的重点文物应采用中岛式独立展柜。在3D Max建模设计中，能够合理摆放文物的展柜尺度是设计的重点。在大型展柜中，为了更好地对展品进行展示，通常会采用分组的形式进行表现，并对展品设置说明牌和背景展板进行补充说明。另外，对于微小型展品，应在展柜中设计高低层次的内展台，以便于观众观看。绘画、雕塑等具有重大历史价值的展品，从展品保护的角度出发，在无法设置展柜的情况下，应设计一定的阻隔空间，以保证观众视觉观赏距离，无法触碰到展品。通常情况下按展品尺寸设置800～1200mm的距离为最佳阻隔距离。

图4-2-15　鄂尔多斯博物馆

对于大中型展品通常设计展台进行展示。展台的设计应以展品的高度和大小作为设计参考，越高大的展品，展台越低，具有纪念意义的展品应相对于其他展品摆放高度增加到视平线以上的位置，以增加该展品的崇高感。对于适合俯视观看的展品则应适当降低展台高度，但在建模时应增加护栏以保护观展人群不受伤害。

博物馆展板设计，以空间尺度为基础，设计越高的展板高度则需要越宽的通道宽度，即展板高度与通道宽度成正比。展板展示的最佳视距范围在900～2400mm，展板图片设置的范围应控制在600～3000mm，超过3000mm的图片应放大处理或向通道方向倾斜，以保证观展的可视性。

现代博物馆中，除了使用传统的展柜展台展板外，为了增加空间的趣味性，加深参观者的印象，还大量使用了场景复原的手段，为该段历史文物进行生动的情景再现，使观众产生共鸣。这部分的建模和渲染显得尤为困难，场景中多为复杂的人物、动物、植物、建筑等，这些模型的创建和渲染会花费大量的时间和精力，因此，在设计中，常常采用平面后期处理软件或手绘工具对该部分进行表现。首先创建一个场景空间的模型，对该模型中即将设计的场景贴图做到心中有数，在此基础上，对空间的灯光和色彩进行设计，渲染出该空间大致的空间范围和周围环境。利用Photoshop对场景的要素进行贴图修饰，经过后期调整之后形成场景部分的空间设计。自然类博物馆中，大量地运用场景复原的方法营造仿真效果，模拟大自然中的草木花朵、飞禽走兽。场景复原还可以模拟表现已经消失的历史遗迹和自然环境以及灭绝的史前动植物。这种展览方式的运用，生动地浓缩再现了自然的面貌，为参观者提供了直观的空间感受。如图4-2-16所示。

图4-2-16　瑞士螺旋钟表博物馆

时代在发展，动态影像的发明为博物馆展示空间注入了全新的活力，多媒体技术在博物馆中的运用达到了新的高度。对文物进行3D Max影像建模或拍摄，并在触摸屏上观看，可以为参观者提供更清晰的画面图像，更直观地展示文物的细节和特点。近年来，很多大型的博物馆将其展示空间进行3D Max建模处理，提供给展馆的网络平台，这种全景空间给观众留下深刻的印象，吸引观众身临其境地参观该展馆，达到宣传推广的目的。

多媒体呈现虚拟的空间，展品呈现现实的空间，虚与实的结合为博物馆展示空间设计增加了神秘感。这种抽象的表现方式在有限的空间里提供给观众无限的想象，赋予空间更多变的性格特征，使人联想、想象并身心愉悦。文物类博物馆空间的地面处理通常采用地毯或无反光效果的地胶。地毯的效果最好，但维护成本相对较高。文物类空间需要安静的观赏环境，人们在舒适、静谧的环境下，细细品味展品的艺术美。自然类博物馆通常采用地胶作为地面材料，地胶能够更好地适应自然类博物馆大量场景地面塑形的需要，地胶的养护和成本相对较低，可以节约工程成本和整体施工造价。如图4-2-17～图4-2-19所示。

图4-2-17　伊春森林博物馆

图4-2-18　上海博物馆

图4-2-19　德绍包豪斯博物馆

2.纪念馆展示空间设计

纪念馆，顾名思义，是纪念某个人物、某个事件或某段历史的综合性展示空间。通常，这一类型的展示空间按时间顺序展开，人物或事件的故事片段是该时间线上的节点。通过对节点的段落式展示，使观众全面地了解该纪念馆展陈的主题内容。

（1）纪念馆展示的主体

人物类纪念馆展示的主体，首先是该人物各个时期的形象；其次是该人物使用的文物展品。另外，还包括展板、场景复原、多媒体特效等与人物相关的信息展示。可以说，人物类纪念馆展示空间比事件类纪念馆展示空间更单纯，展示内容以时间为主线贯穿整个展馆的始终。

（2）纪念馆展示空间设计的构成要素

纪念馆通常设置有宽敞的序厅空间，这一空间是该馆最重要的部分，也是供人们瞻仰和缅怀的场所，如图4-2-20所示。因此，纪念馆展示空间设计中对序厅空间的设计要求较高。通常人物类纪念馆序厅中以人物的雕塑形象为主，供人们进行瞻仰。事件类纪念馆的序厅则以事件的抽象概念设计作为空间设计的主体。

图4-2-20　Stella Matutina 博物馆

纪念馆展示空间通常按展陈内容设计不同的空间效果，例如将人物的各个重点历史时期进行分类，将每个历史时期以不同的色彩进行拟人化手法表现，或将事件按照事件前期、事件发生、事件后期等内容按色块进行对比展示，在进行灯光布置时应充分考虑每一部分的特点，如图4-2-21、图4-2-22所示。另外，在材质的选择上，多选用个性分明

图4-2-21　阿尔科塔农民起义100周年纪念馆

图4-2-22　印第安纳波利斯动物园两百年纪念馆

的材料，例如粗糙的肌理石材或墙面、厚重的水泥或反射性极强的深色玻璃等，地面常常选用反光强烈的大理石或瓷砖，增加空间的厚重感和历史沧桑感。如图4-2-23、图4-2-24所示。

图4-2-23　九·一八纪念馆

图4-2-24　渡江战役纪念馆

当然，在用3D Max进行空间设计时，如果能够对所展示的人物进行建模是最好的了，但很多设计师缺少人物形象建模的功底，通常需要雕塑家对重要人物进行塑造，再通过后期处理，将人物雕塑与效果图进行平面处理，形成最终的空间效果。然而，通过3D Max创建人物造型和场景的多媒体复原，能够还原一部分有声无画面的历史文献记录。2015年年底建成的抚顺雷锋纪念馆，就采用了3D Max创建雷锋做报告的人物形象，并添加做报告的背景音，使观众有身临其境的体验感。先进的多媒体技术结合3D Max的优越性能，为当代展陈的发展和突破做出了不可磨灭的贡献。

3.规划馆展示空间设计

规划馆是一个集城市公共生活、文化、教育、休闲等功能于一体的综合性展览空间，它是一个城市从过去到未来的缩影。

近年来，国内城市规划性展示馆开始逐步被社会所认知，各个城市开始重视各自城市规划馆的建设。城市规划馆是展示一个城市综合性质的展示空间场地，为市民提供了一个了解自身居住环境、人文科学、地形地貌、风俗习惯的通道，也为城市建设的参与者提供了改造城市的方向和发展远景。城市规划馆是一个城市对内的印象、对外的窗口，既是参照物，又是吸引外部资源的平台。因此，这个平台建设的好坏，直接影响该城市的形象和进步的空间。为此，规划馆的展示空间设计融合了国内外最先进的展陈艺术，融合了大量的新技术新科技，是前沿性的展示空间范本。

（1）规划馆展示的主体

规划馆展示设计的主体主要包括该城市地理特征、人文情怀、饮食风俗、传统文化、服饰特色、语言环境、建筑流派及分布、园林绿化、道路网、水网、电网、无线网络、公共交通、旅游特色、商业规划、厂矿物资等。人们通过对规划馆的考察和参观，能够清楚地了解该城市的综合信息，增加人们对城市的了解和认可。

规划馆是集文化、科技于一体的城市综合展示平台，也是城市公共生活的场所和重要的舞台。

（2）规划馆展示空间设计的构成要素

规划馆展示设计的构成要素主要包括城市沙盘、城市影像、城市管网、城市绿化、对外开放等。设计师按照城市的各自特点对城市进行纵向和横向的解剖。通过深入地考察和研究，找到最合适的展示方式和手段。规划馆空间几乎不会设置展柜，通常采用展板、展台、沙盘和多媒体进行展示。而传统的沙盘和展示模式已经不能满足规划馆的现代展示要求，因此，在高科技带领下的多种展示方式应运而生。城市沙盘，由传统的城市建筑道路等比例缩放的实物模拟，到结合声光电使沙盘亮起来，增加真实城市生活生产效果，再到当今使用数字成像技术制作虚拟沙盘展示城市实景。沙盘经历了由实到虚的过程，而虚拟沙盘不仅能够体现城市的现在，还能更好地展示城市的过去和未来，使观众对城市的历史进程和岁月变迁有更直观的认识和了解。

新型的多媒体展示方式还包括屏幕投影观摩放映厅、动画展示、人景互动、虚拟空间操作体验、城市管网电子地图、4D体验等。在3DMax建模时，设计师应与多媒体设计人员进行沟通，将多媒体设备与展示的内容充分结合，使内容与媒介以最佳的方式结合。展台的设计应预留多媒体设备的存放空间。从节能环保的角度看，大量的多媒体技术长期供电会造成资源的浪费，因此，设计师还要考虑设计展台的开关，使用时由讲解员打开或由观众打开观看。设计时还应考虑到开关的样式以及开关的位置。如图4-2-25、图4-2-26所示。

图4-2-25　沈阳规划馆

图4-2-26　上海规划馆

4.科技馆展示空间设计

科技馆是各个国家或城市展示其先进科学技术成果的平台，也是提供给市民学习交流先进科学技术的平台。科技馆不仅涵盖了工业、农业、林业、牧业、渔业等基础产业的科技成果，还涵盖了医疗卫生、生物化学、物理地理、航空航天等高精尖的产业科技成果。

（1）科技馆展示的主体

科技馆展示的内容一般以工业、机械、航空航天、农业等专业性质较强的科技产业项目为主。其展示的主体必须是具有科学研究价值的项目，人们已经司空见惯的科技项目则不做展示。科技馆展示空间设计的科技含量应该是展馆中最高的，展示手段和展示方式应以表现这些产业项目的科学价值为主要目的。科技馆的设计方向依托于科技，因此，科技以人为本的理念在科技馆的展示空间设计中也同样重要。

（2）科技馆展示空间设计的构成要素

在设计科技馆展示空间的环境和展品时，人作为科学技术研究的主体和使用的主体，显得尤为重要。科技馆所承载的使命不仅是使参观者进行参观浏览，更重要的是使参观者参与其中。因此，科技馆展示空间设计的构成以科技性互动展品为主、展板解释说明为辅。人们在参观的过程中，通过讲解和图示实例，手动参与项目的实际操作，了解其物理或化学性质。通过多媒体演示系统，使观众直观地了解医学生物系统的知识。将复杂的原理和很难看懂的结构进行图面分解和操作讲解，使展示内容更加通俗易懂。

科技馆展示空间一般为高举架大尺度的空间环境，展示的机械设备或模型等大尺度的展品需要设计独立的展台或展示区域。空间的展陈流线显得尤为重要。当人们参与到展示设备的互动时，容易造成人群的密集和堵塞。应在流线设计时适当增加通道宽度，或使用双通道，增加流处理和批处理的展陈流线设计。

由于科技馆空间举架相对较高、互动操作展示项目较多等，因此空间应布置亮度均匀的照明设备，对特殊的展板讲解图版内容和特殊装饰则单独进行照明补偿。

科技馆的地面材质通常选用石材或地胶，天花通常以裸露式LOFT风格或格栅天花为主，对于局部特殊展示内容的空间，则进行局部天花吊棚处理。如图4-2-27～图4-2-30所示。

图4-2-27　上海科技馆

图4-2-28　新西兰MOTAT航空展示馆

图4-2-29　沈阳科技馆

图4-2-30　崇越科技 TSC Anyong Fresh Lab馆

四、主题性展示空间设计

主题性展示空间通常是指展览的目的单一或展示的内容带有明显主题性特点的空间。近年来，许多企事业单位开始出现以自身文化或产品为展览主体的主题性展示空间。通过主题性展馆，参观者能够较为快速地了解该企业的经营理念和产品信息。主题性展馆除了个性鲜明的展示内容以外，其展示手段和空间氛围相对于其他类型的展馆更加大胆、自由。设计师和甲方业主根据自身企事业单位的特点或产品的特点，大胆创新。新颖的展示手段结合专业的展示建筑，为展示空间设计打造了全新的设计模式。

设计师在设计展示空间时，通常要同时考虑展示的建筑，因此，主题性展示空间往往不只是室内的设计，还包含了建筑结构和景观规划的设计内容。如图4–2–31～图4–2–36。

图4–2–31　瓜达拉哈拉国际书展智利馆

图4–2–32　2010年上海世界博览会

图4–2–33　2019年哥本哈根艺术博览会：纸亭展馆

图4–2–34　便携式弹簧历史展馆

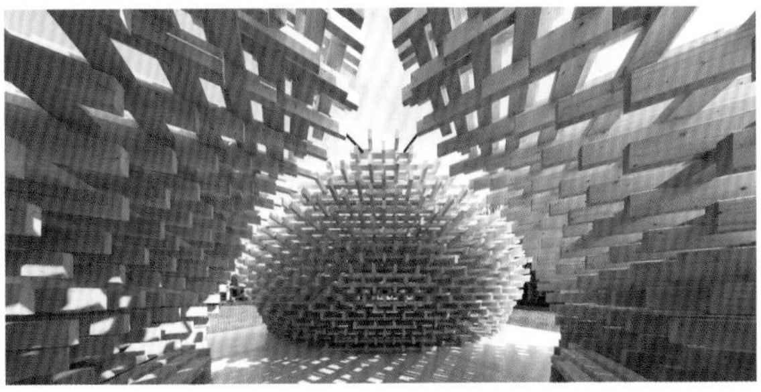

图4–2–35　2018米兰家具展“未来空间”展馆

图4–2–36　斯德哥尔摩博森博物馆

第三节 ////// 3DMax/V-Ray展示空间设计实例

［实例一］小型展示空间的创建与渲染

展陈空间的设计是一项系统工程，主要包括以下几个方面：总体设计、内容设计、艺术形式设计、辅助展品和设备设计、现场施工与布置。而每个方面又是由许多细节构成的。下面就通过制作一个关于美国MagPul品牌展示陈列空间进行实例讲解。

1.简介

本例包括使用多边形建立店铺空间框架以及后期调节材质制作、灯光制作、渲染出图和后期处理的全部过程。着重表现灯光照明、产品展示以及模糊反射和间接照明的真实质感表达，最终效果图如图4-3-1～图4-3-5所示。

图4-3-1　新型枪械细节展示

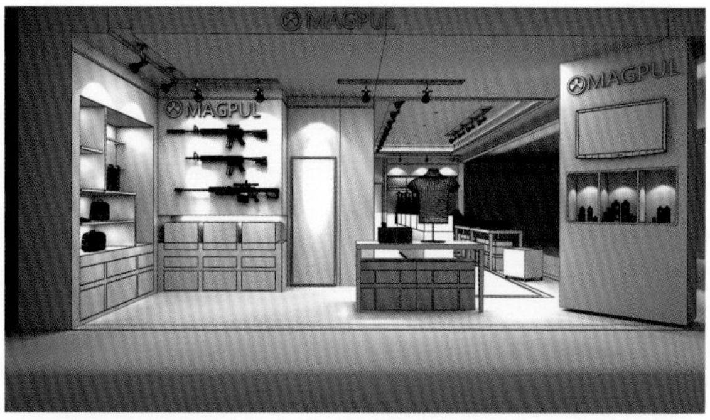

图4-3-2　展示空间线框图

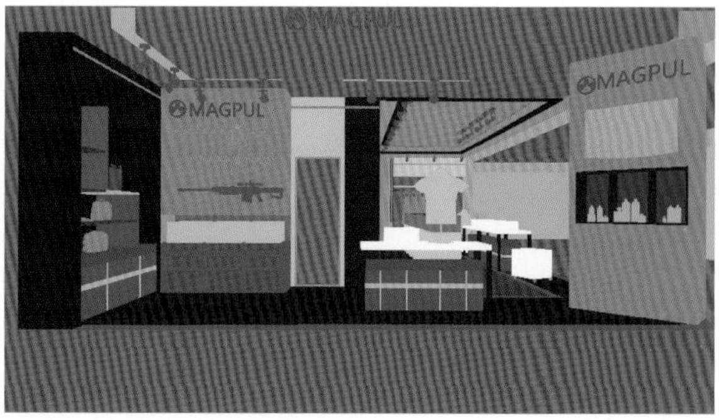

图4-3-3　展示空间通道图

图4-3-4　展示空间模型线框图

图4-3-5　展示空间效果图

在3DMax菜单栏中选择自定义单位设置，打开单位设置对话框。在“显示单位比例”参数区域中选择公制选项，设定为毫米的选项，“照明单位”采用国际标准，单击确定。如图4-3-6所示。

在系统单位设置中，将1单位=1.0mm作为设置参数，并将“考虑文件中的系统单位”进行勾选。如图4-3-7所示。

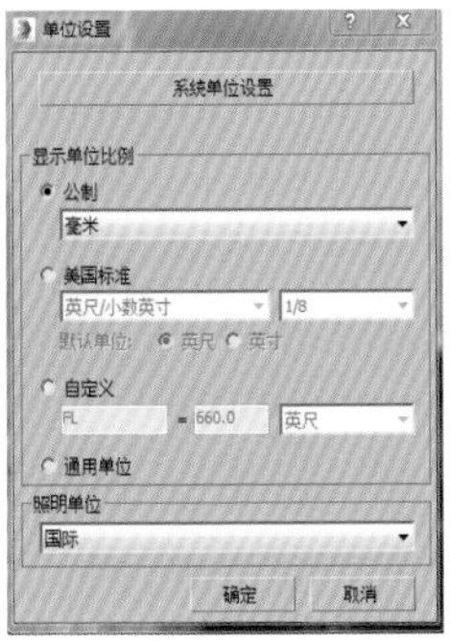

图4—3—6　单位设置

图4—3—7　系统单位设置

2.模型的制作

在几何体面板中单击长方体，创建一个足够大的长方体，设置其高度为4500，单击鼠标右键转换为可编辑多边形。如图4—3—8所示。

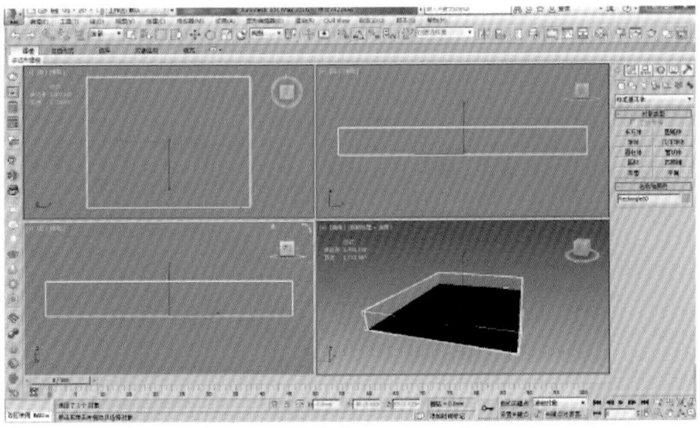

图4—3—8

进入修改面板，打开多边形层级，在视图中选择该图形，在修改面板中选择法线，勾选“翻转法线”。如图4—3—9所示。

根据设计CAD平面图中的形状，在顶视图上进行勾画，点击鼠标右键转换为可编辑多边形。如图4—3—10所示。

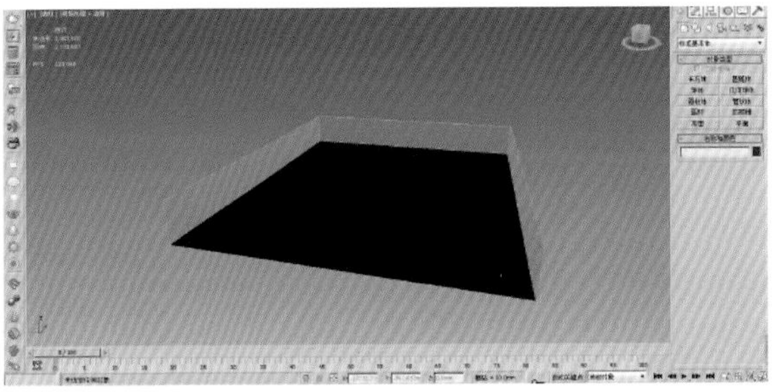

图4—3—9

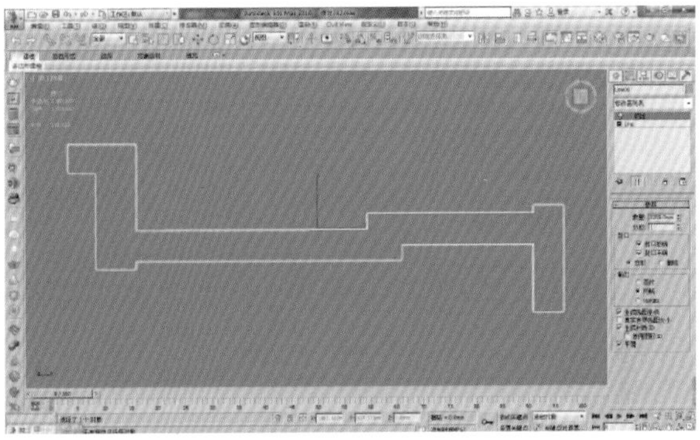

图4—3—10

在可编辑多边形中点击面的选项卡，选取该图形，点击挤出后面的数值栏，输入4500。如图4—3—11所示。

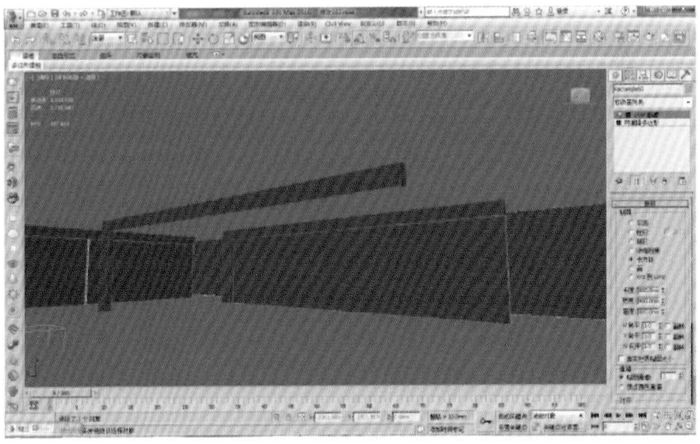

图4—3—11

本场景从一个长方体开始制作，将长方体转换成可编辑多边形，然后进行挤出建模，将场景中的大型场景建立完毕。如图4—3—12所示。

运用可编辑多边形将该品牌标志进行描边并挤出，做出立体效果，运用图形—文本，将英文品牌输入并挤出。如图4—3—13所示。

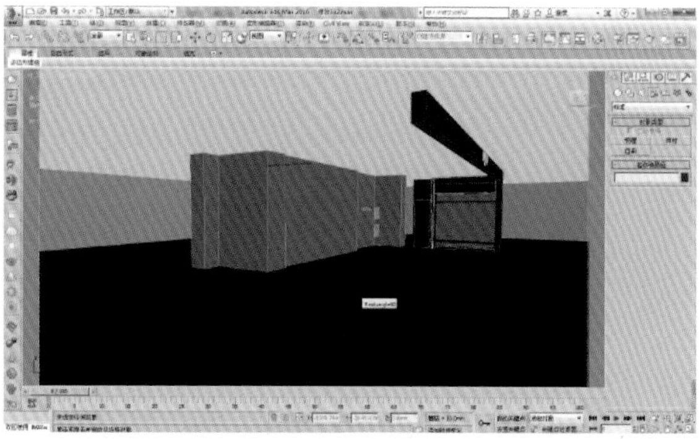

图4-3-12　大型场景

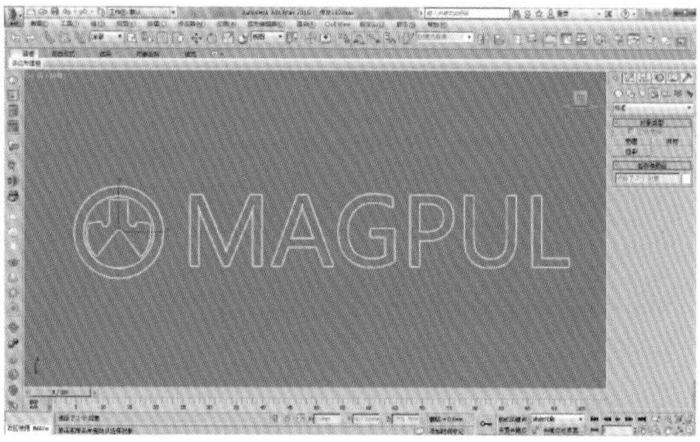

图4-3-13　品牌模型制作

本场景中的家具模型都是已经完成的，在这里直接合并模型即可，然后对合并模型进行层次管理以及位置上的调整。如图4-3-14所示。

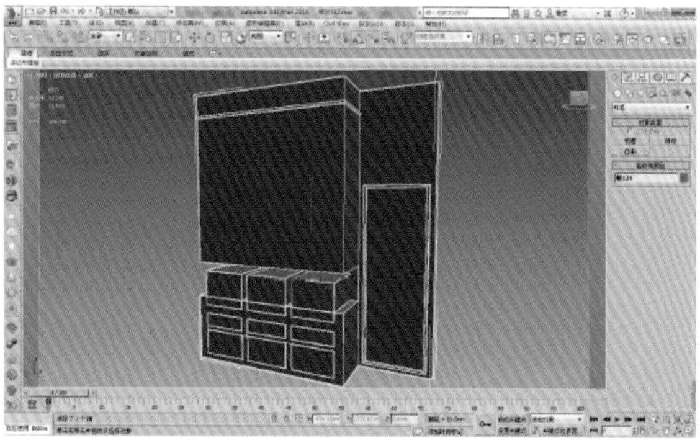

图4-3-14　家具调整

对于家具模型的细节，有的模型细节可以手动增加，然后对细节模型进行细分并进行更多模型的添加。如图4-3-15所示。

对于一些专属于该场景的模型，我们可以根据现实的情况，对应照片以及资料进行还原，以保证该场景的真实性。如图4-3-16所示。

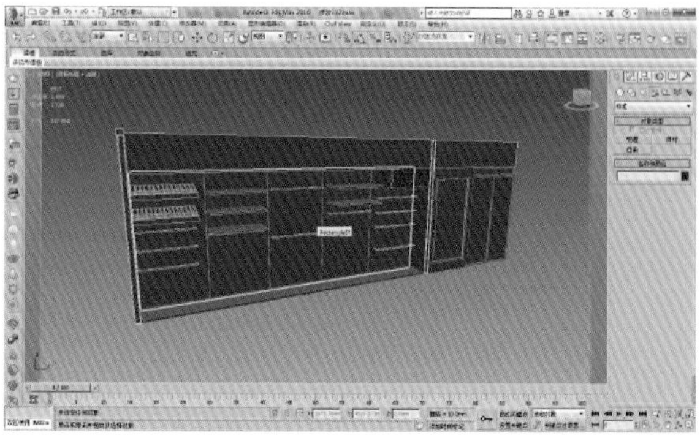

图4-3-15　模型细节调整

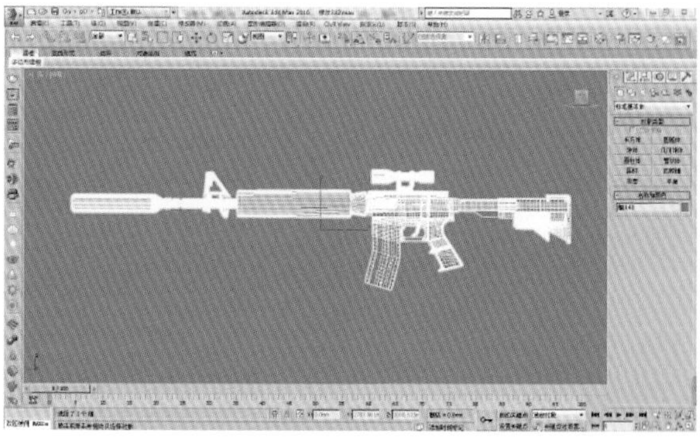

图4-3-16　MK18 MOD 0枪械模型

根据真实场景的摆放布置，我们将所有的模型合理地摆放进去，来查看整体的效果。如图4-3-17所示。

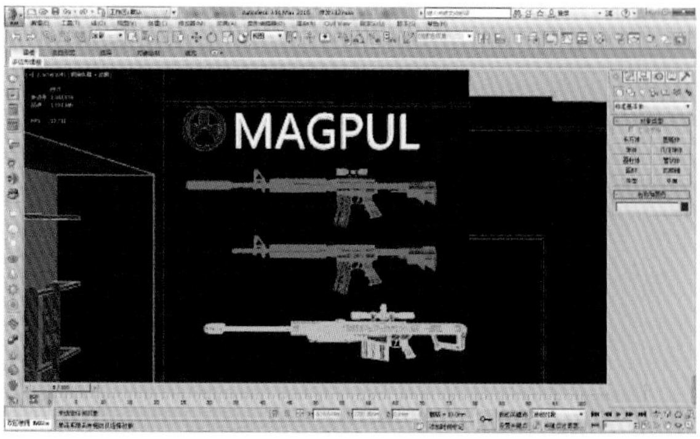

图4-3-17　展示架构调整

3.摄像机的设置

在创建面板中单击“摄像机”，再单击“目标”按钮。如图4-3-18所示。

在顶视图中拖动鼠标建立一台摄像机。如图4-3-19所示。

图4—3—18　摄像机栏

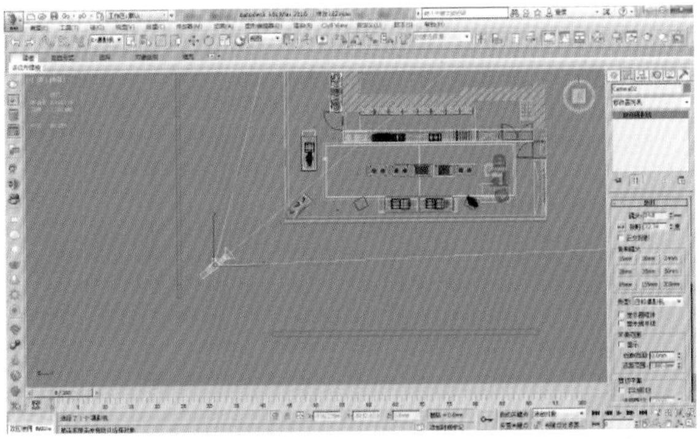

图4—3—19　摄像机调整

在透视图中选择“摄像机”，调节“摄像机”的Z轴高度。如图4—3—20所示。

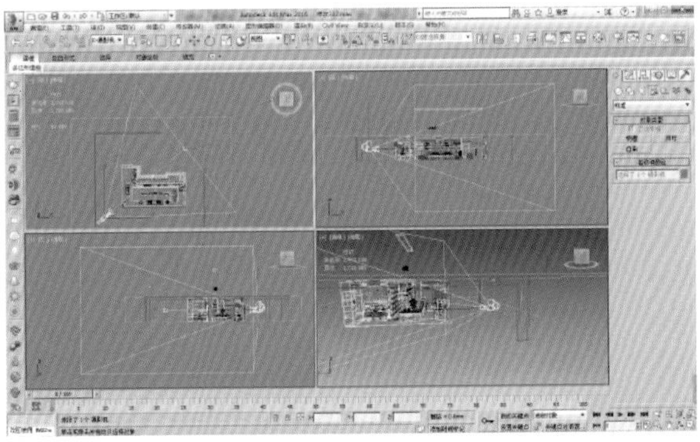

图4—3—20　摄像机调整Z轴

调节“摄像机目标点”的高度，选择任意视图，按“C”键进入“摄像机视图”，观察摄像机视图效果。如图4—3—21所示。

扩大摄像机的视角，单击选择“摄像机”，在“修改面板”中展开“参数”卷展栏，将镜头设置为24mm。如图4—3—22所示。

在顶视图中进一步调整摄像机的位置，观察摄像机的最终效果。如图4—3—23所示。

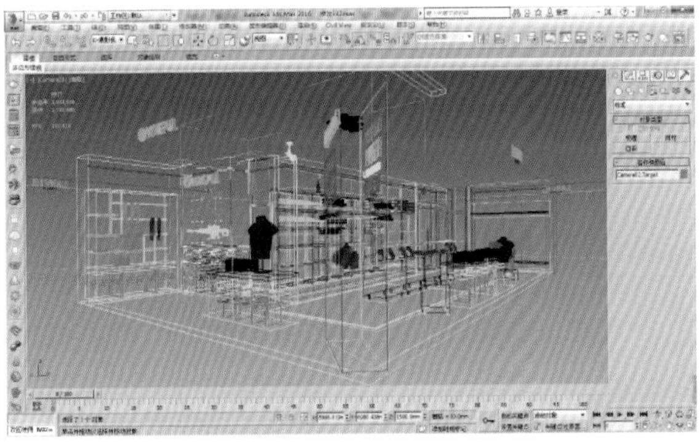

图4—3—21　摄像机拉伸

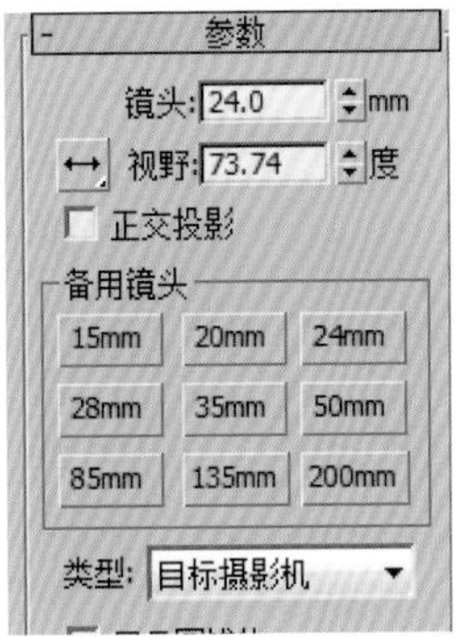

图4—3—22　摄像机参数

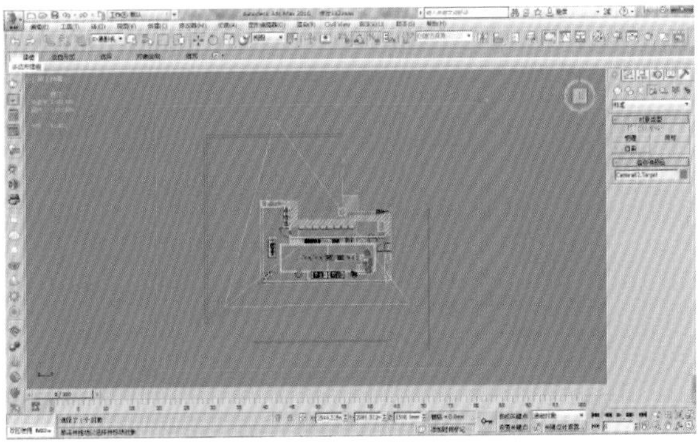

图4—3—23　摄像机调整

4.材质的制作和调整

点击键盘上的“M”键，打开材质编辑器，单击“Standard”，切换成“VRayMtl”材质类型，点击确定。如图4—3—24所示。

将该材质命名为地砖，调整漫反射、反射、折射以及增加贴图。如图4—3—25所示。

新建一个材质，把材质命名为“金属”，设

置材质的“反射”颜色为灰色，“高光光泽度”为0.65，“反射光泽度”为0.8，“最大深度”为5，取消勾选“菲涅耳反射”，“折射”为黑色。如图4-3-26所示。

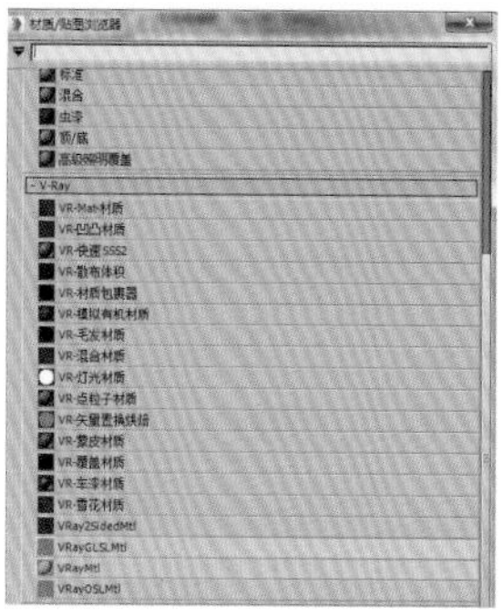

图4-3-24

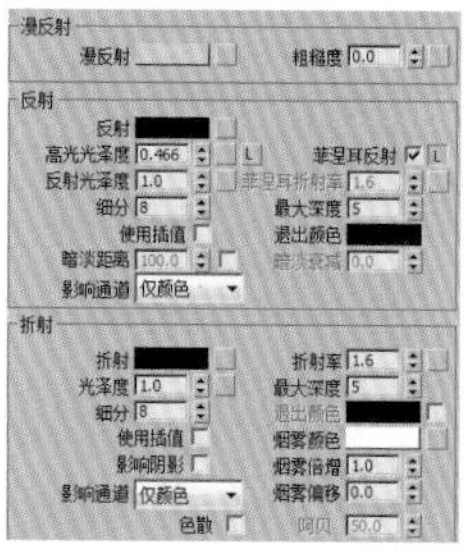

图4-3-25

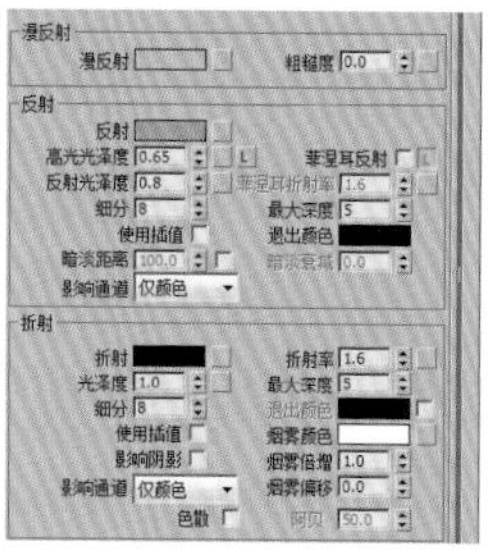

图4-3-26

单击“将材质指定给选定对象”按钮，将材质指定给柜台模型。在材质编辑器上单击“视图中显示明暗处理材质”按钮，完成贴图。如图4-3-27所示。

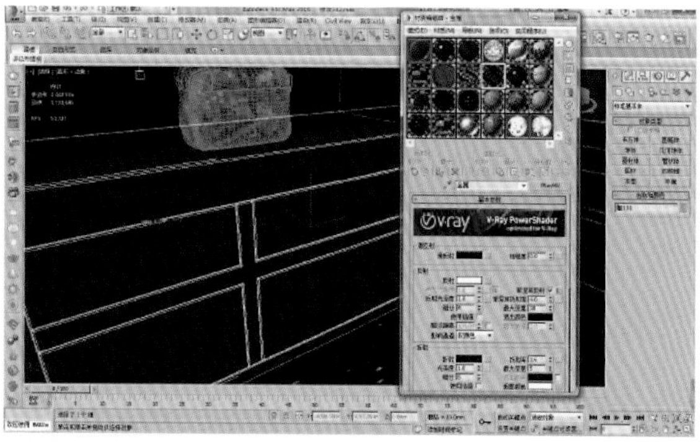

图4-3-27

在编辑器中创建一个新的“VRayMtl”黑铁，设置“反射”为黑色，“高光光泽度”为0.6，“反射光泽度”为0.65，“细分”为50，勾选“菲涅耳反射”，设置“菲涅耳折射率”为0.5，在“反射”通道上添加贴图，将黑铁材质指定给架子。如图4-3-28所示。

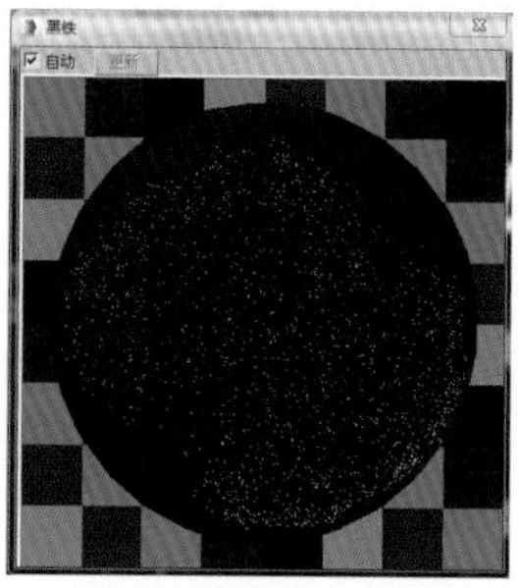

图4-3-28

单击“将材质指定给选定对象”按钮，将材质指定给版面模型。在材质编辑器上单击“视图中显示明暗处理材质”按钮，完成贴图。如图4-3-29所示。

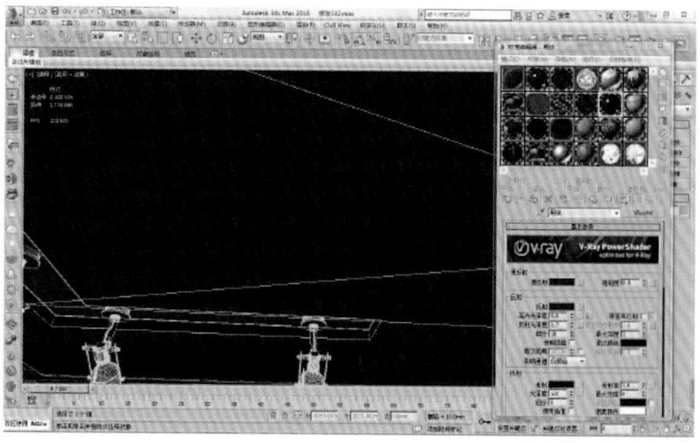

图4-3-29

把材质命名为“墙面”，设置材质的“漫反射”颜色为白色，“高光光泽度”为0.8，“反射光泽度”为0.8，“最大深度”为5，取消勾选“菲涅耳反射”，“折射”为黑色。如图4-3-30所示。

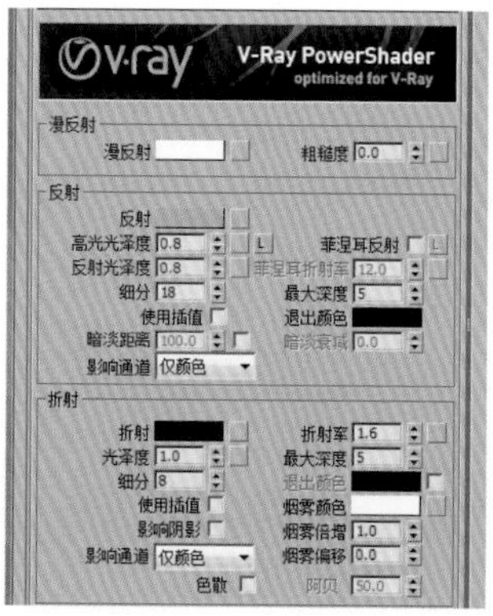

图4-3-30

单击“将材质指定给选定对象”按钮，将材质指定给墙上。在材质编辑器上单击“视图中显示明暗处理材质”按钮，完成贴图。如图4-3-31所示。

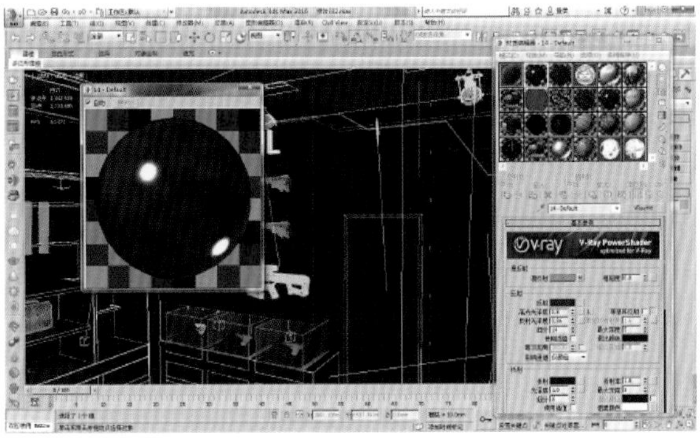

图4-3-31

建立“VRayMtl”材质布料，在“漫反射”通道中加入贴图，设置“高光光泽度”为0.45，“反射光泽度”为0.55，勾选“菲涅耳反射”，“菲涅耳折射率”为0.5。如图4-3-32所示。

图4-3-32

在素材中找到对应的图案纹样，导入贴图，并裁剪适当尺寸，导入。如图4-3-33所示。

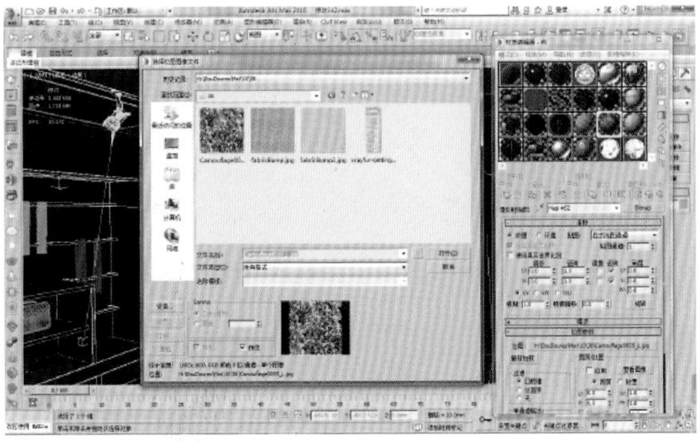

图4-3-33

如果方向或者尺寸过于变形，我们可以在贴图选项中的裁剪/放置中点击“应用”。如图4-3-34所示。

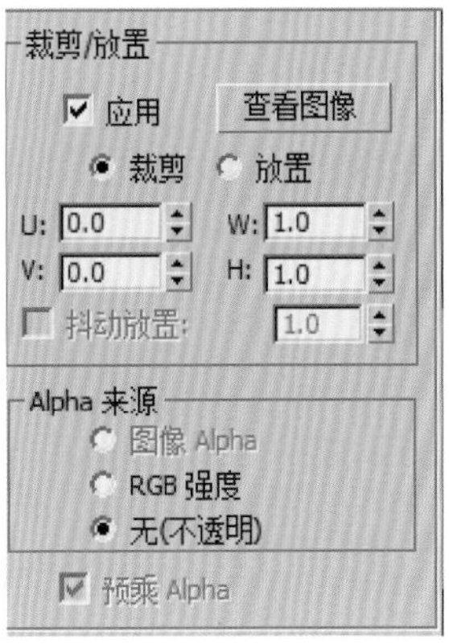

图4-3-34

在查看图像之中，调整该图案，以符合衣服纹样的比例。如图4-3-35所示。

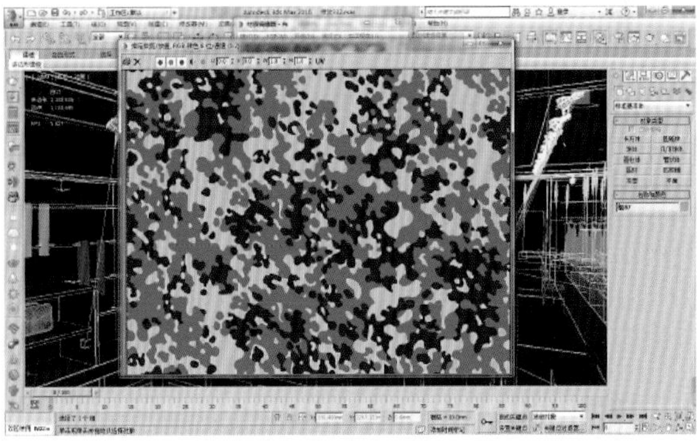

图4-3-35

建立“VRayMtl”发光材质，颜色为白色，倍率为1.5。如图4-3-36所示。

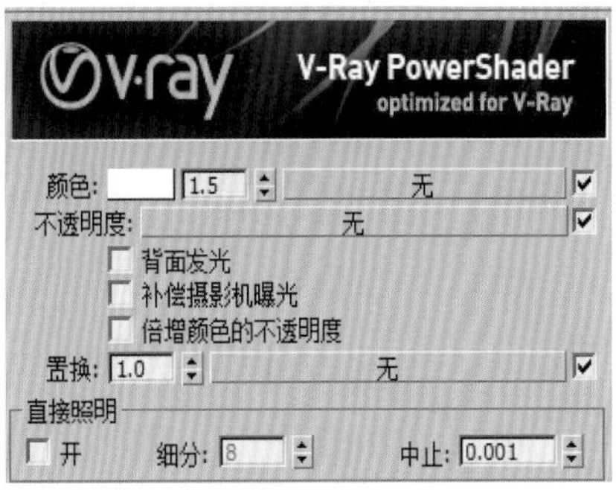

图4-3-36

将宣传片上的图片导入，并将其裁剪，符合电视上的横纵比例，单击确定。如图4-3-37所示。

图4-3-37

对其进行视图的渲染，以查看该图片在模型中的效果。如图4-3-38所示。

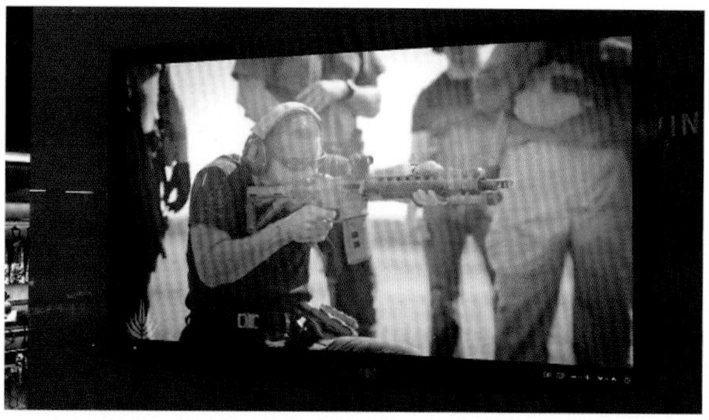

图4-3-38

关于枪械涂装中的MCCU系列迷彩的涂装，首先找到关于该涂装的图片。如图4-3-39所示。

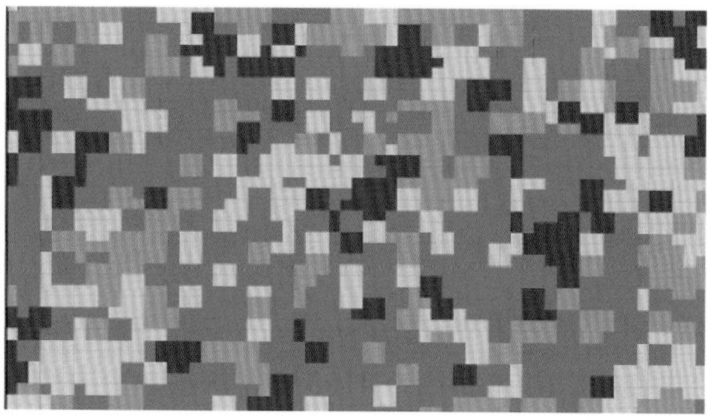

图4-3-39

然后将其导入“VRayMtl”中，因为是喷漆涂装，所以在调整参数方面采用哑光的样式，也就是反射比较小。如图4-3-40所示。

将该材质导入模型当中，并且调整UVW贴图，将其调整完整，并进行显示。如图4-3-41所示。

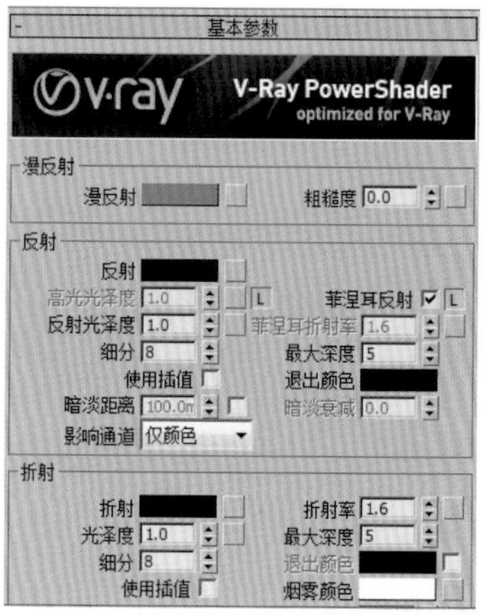

图4-3-40

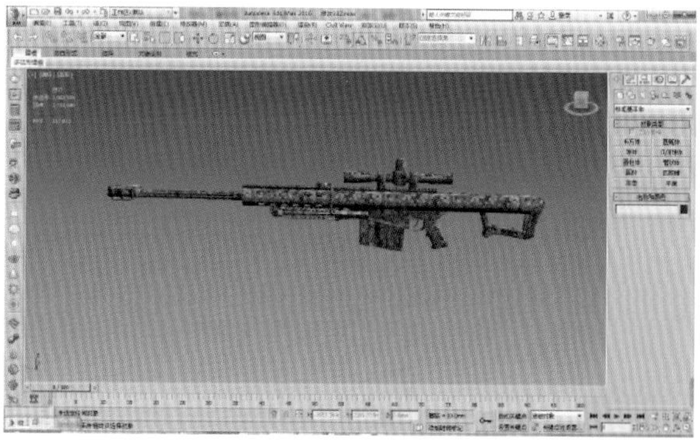

图4-3-41

5.灯光的设置

本实例采用V-Ray灯光进行照射，首先进入灯光选项版，并点击VR-灯光。如图4-3-42所示。

图4-3-42

在天花建立V-Ray片灯，设置“目标距离”为200mm，“倍增”为6.0，灯光颜色为冷色。如图4-3-43所示。

图4-3-43

在灯光参数卷展栏中勾选“不可见”，不点击“双面”，点击“影响漫反射”和“影响高光”，可以不勾选“影响反射”，“细分”值为15，“阴影偏移”为0.02mm，“中止”为0.001。如图4-3-44所示。

图4-3-44

对于橱窗灯光，选取光度学中的自由灯光进行调整参数。如图4-3-45所示。

图4-3-45

在指定的区域进行摆放，并可以根据分布，按住Shift键进行复制。如图4-3-46所示。

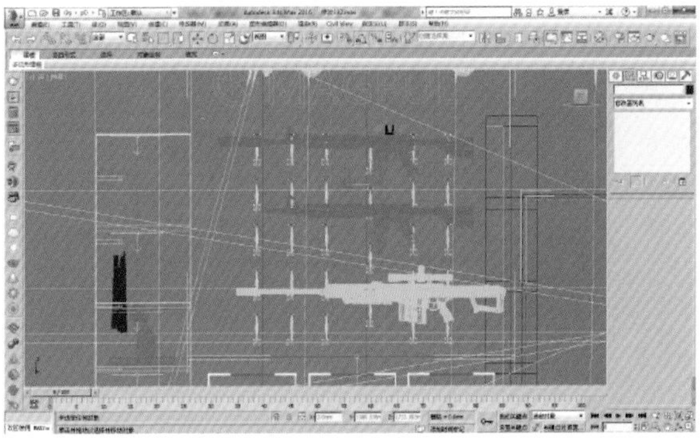

图4-3-46

需要注意的是，在复制灯光的时候需要连同目标点一同进行复制，并且复制方式为“实例”，否则会造成光的缺失。如图4-3-47所示。

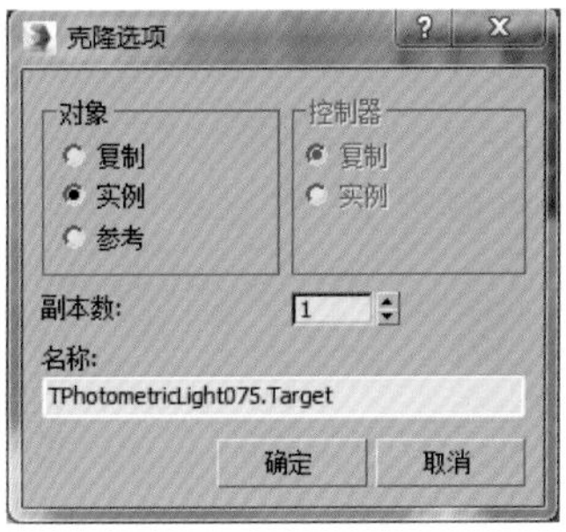

图4-3-47

调整片灯的大小，让其适合空间大小，在前视图上调整灯光的高度，以符合现实的光照环境。如图4-3-48所示。

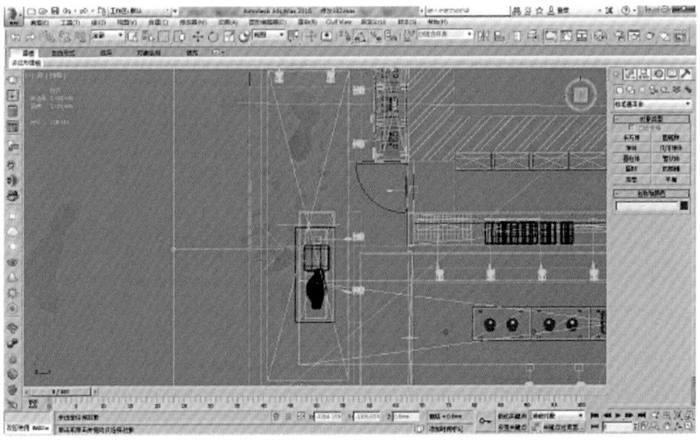

图4-3-48

在前视图上进行调节后，保持垂直照射角度，进行复制与排列。如图4-3-49所示。

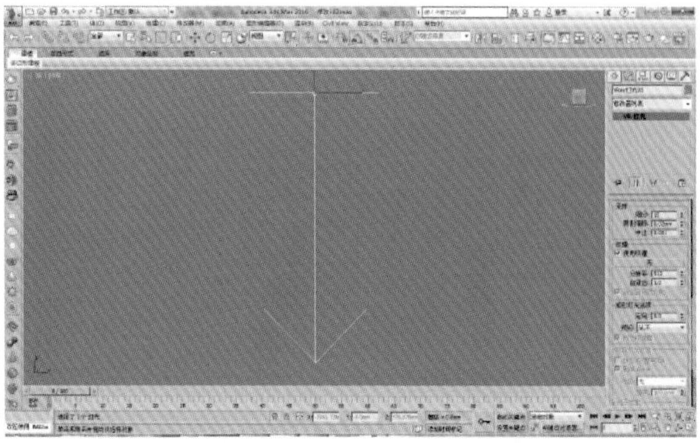

图4-3-49

对于射灯上的灯光，我们需要搭载光域网，所以本次采用的是目标灯光。点击光度学中的目标灯光，调整合适的位置。如图4-3-50所示。

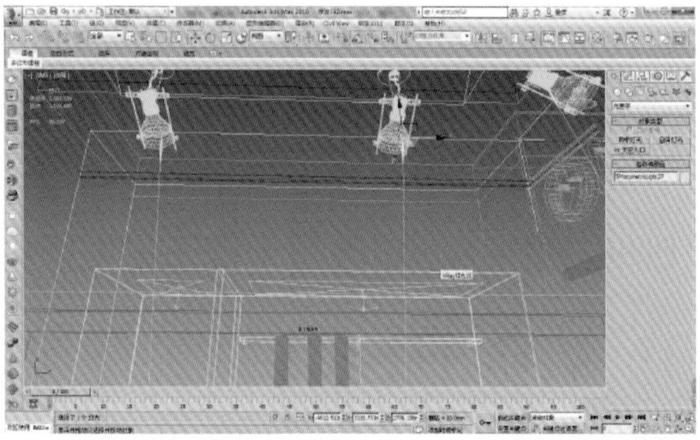

图4-3-50

在参数之中选取D65，“过滤颜色”为暖色，“结果强度”为100.8%。如图4-3-51所示。

图4-3-51

最后进行补光的创建，在外部区域创建一个或者多个大型的冷色调的光源。如图4-3-52所示。

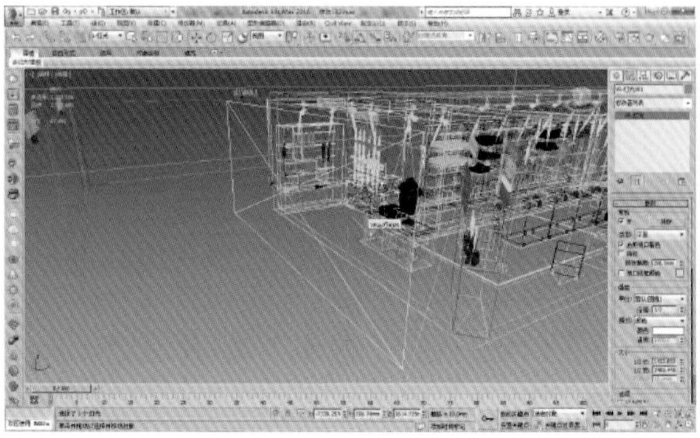

图4-3-52

一般对于补光，我们给予的倍增很小而面积稍大，这样对于整体空间来说，能更好地达到真实效果。如图4-3-53所示。

图4-3-53

6.渲染参数的设置

对于共用部分，由于是小型展陈，所以输出的图像横纵比为1：8，以使店铺最大地呈现在视图之上。出图的高度为2000，基本足够呈现一张清晰的效果图。如图4-3-54所示。

启用“全局照明”，设置“首次引擎”为发光图，“二次引擎”为灯光缓存。当前预设值为高，勾选“显示计算相位”，灯光缓存“细分”值为1000。如图4-3-55所示。

在V-Ray卷展栏中，与其他室内环境相同，图像采样器类型采用自适应细分，过滤器选择Catmull-Rom。如图4-3-56所示。

图4—3—54

图4—3—55

图4—3—56

在系统里面，将序列的模式改为上→下。如图4—3—57所示。

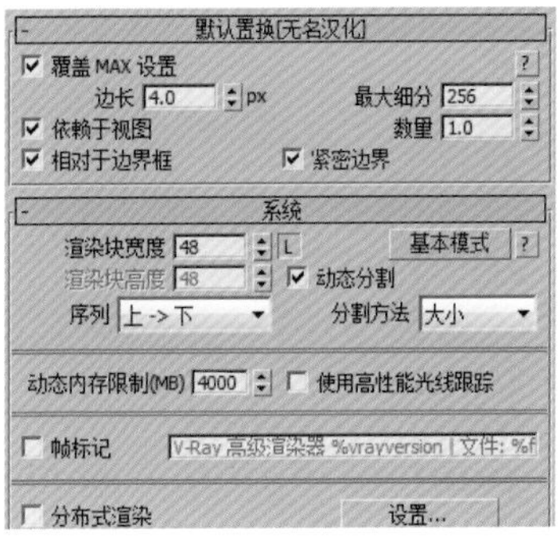

图4—3—57

该展示空间灯光、材质以及模型都采用了精细建模渲染，包括各种灯光的摆放，射灯、吊灯、片灯及橱窗灯。各种枪械模型和衣物的模型可以通过可编辑多边形进行调节，其中产品模型以及周围环境的材质展现，能够让人清晰地看到产品的真实效果。如图4—3—58所示。

图4—3—58

[实例二] 商场空间展示的创建与渲染

商场空间是公共展示空间中复杂多元的空间类别之一，而商场空间设计，从广义上可以定义为所有与商业活动有关的空间形态设计，从狭义上则可以理解为当前社会商业活动中所需的空间设计，既实现商品交换、满足消费者需求，又可以实现商品流通的空间环境设计。

1.简介

本例从一个方形体块开始编辑。制作思路：从模型创建到场景创建，进行各种材质的制作和参数调整，完成商场的表现效果，最后使用Photoshop

进行后期处理，增加图像的丰富性。如图4—3—59～图4—3—61所示。

图4—3—59　模型效果图

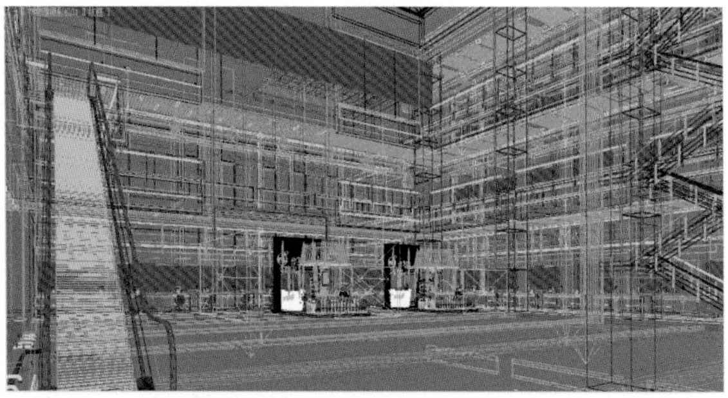

图4—3—60　模型线框图

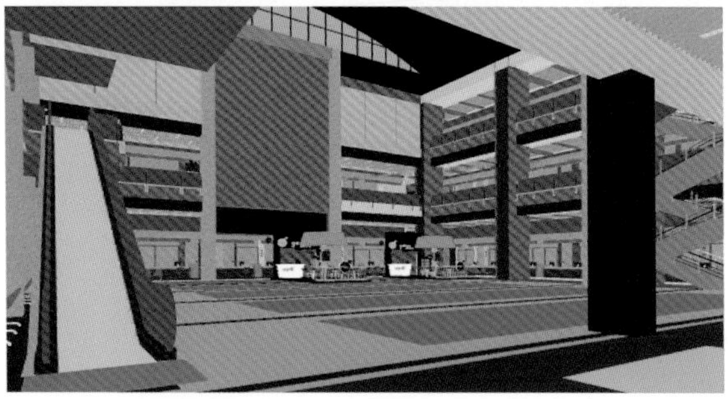

图4—3—61　模型通道图

2.模型的制作

打开3DMax软件，在菜单栏中点击“自定义设置”，对单位进行修改。如图4—3—62所示。

单击“系统单位设置”按钮，同样设定“毫米”为单位长度。如图4—3—63所示。

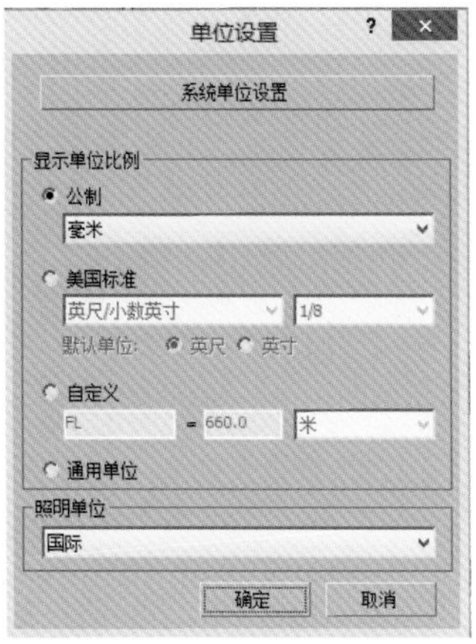

图4—3—62

图4—3—63

在“创建”面板中单击“线”按钮，先在顶视图中建立一条所需的线框。如图4—3—64所示。

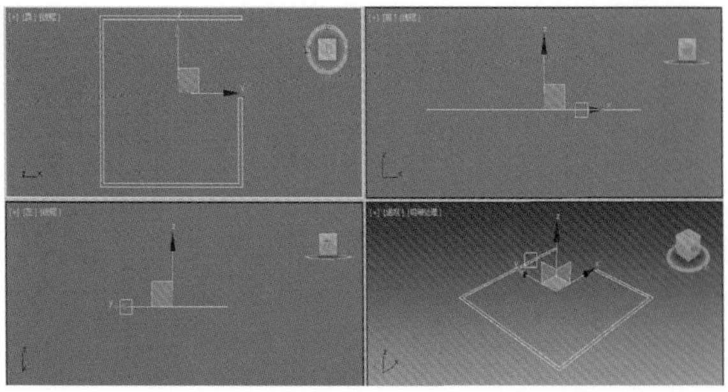

图4—3—64

在“创建”面板中单击“修改”按钮，用鼠标左键单击“修改器”列表，点击“配置修改器集”。如图4—3—65所示。

点击“挤出”按钮，挤出所需要的空间高度，调整高度参数。如图4—3—66所示。

图4—3—65

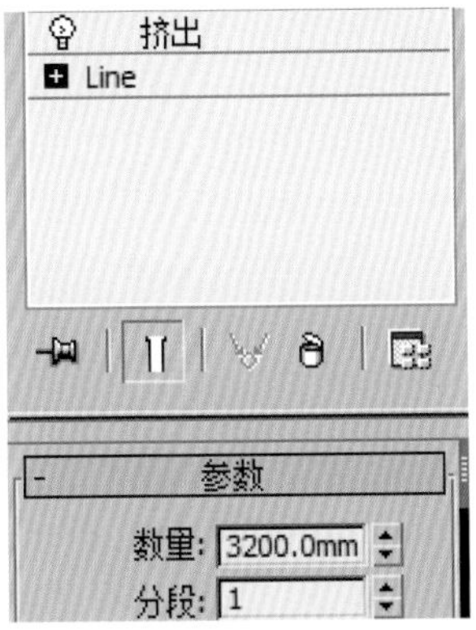

图4—3—66

调整参数后，会出现所调整参数后的高度，所起高度成为墙体。如图4—3—67所示。

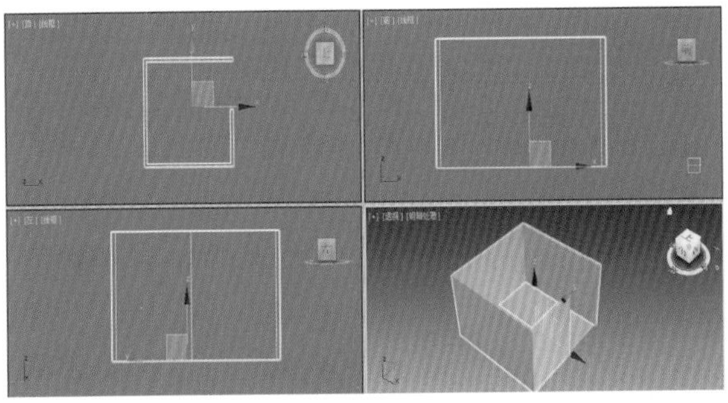

图4—3—67

建起墙体后，再整体建立所需要的空间墙体。如图4—3—68所示。

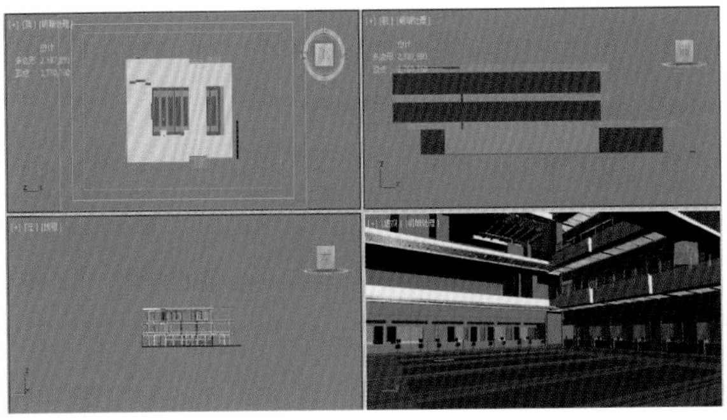

图4—3—68

建立完成的商场墙体如图4—3—69所示。

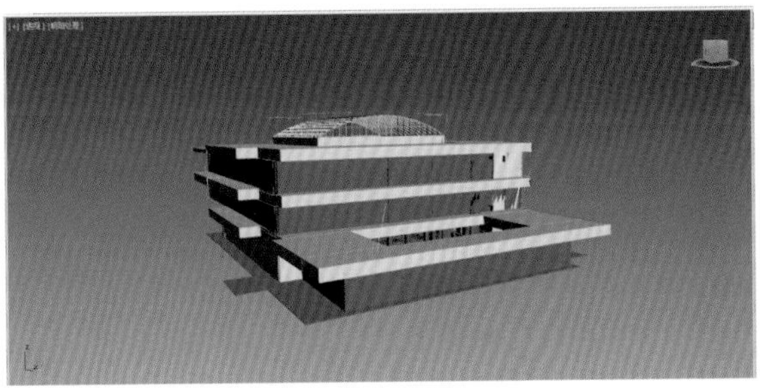

图4—3—69

商场设施的合并，单击图标并选择“导入”命令，再选择“合并”。如图4—3—70所示。

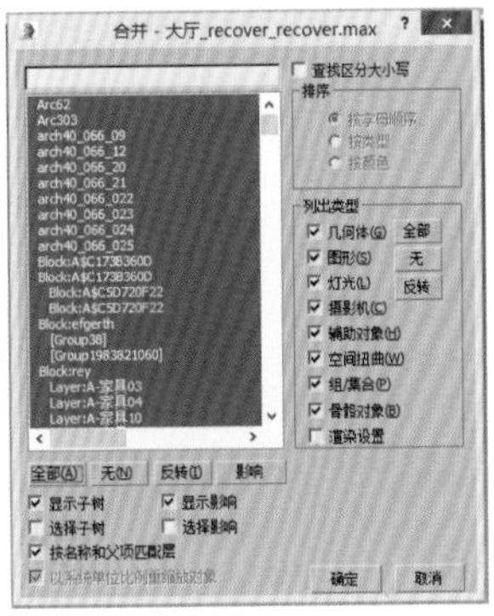

图4—3—70

选择刚刚合并进来的所有家具，对模型进行移动和旋转。如图4—3—71所示。

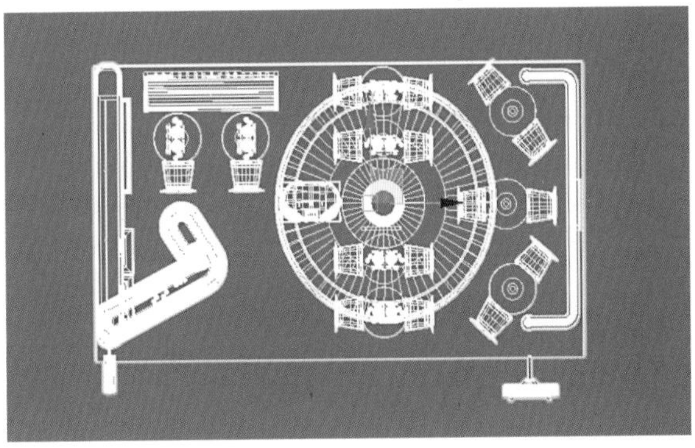

图4—3—71

将合并进来的模型按合理的空间布局进行设计和摆放。如图4—3—72所示。

布置商场其他模型并调整摆放。如图4—3—73所示。

进行商场电梯和楼梯的模型合并，并且调整空间位置摆放。如图4—3—74所示。

图4—3—72

图4—3—73

图4—3—74

3.摄像机的设置

回到“创建”面板，单击“摄像机”按键，再点击“目标”按钮，在顶视图里创建。如图4—3—75所示。

点击“摄像机”后界面会出现“摄像机”。如图4—3—76所示。

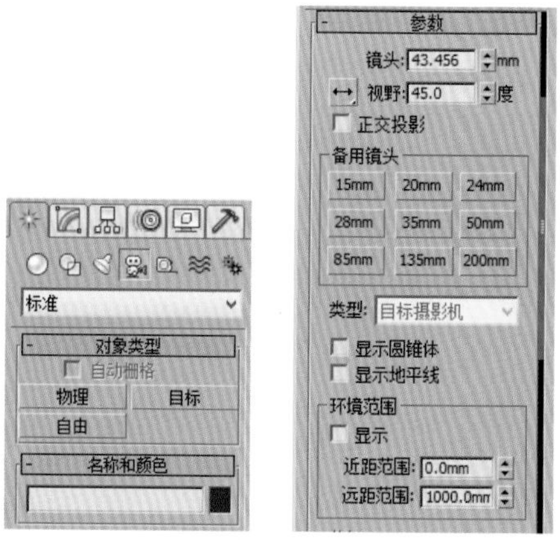

图4—3—75

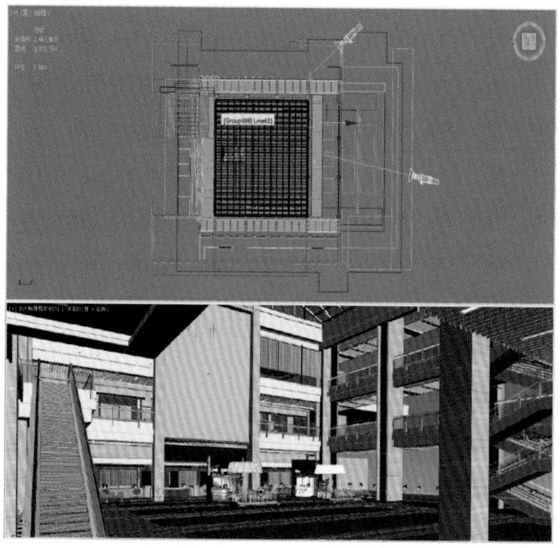

图4—3—76

4.材质的制作和调整

单击键盘上的“M”键，打开材质编辑器，制作玻璃材质参数。如图4—3—77所示。

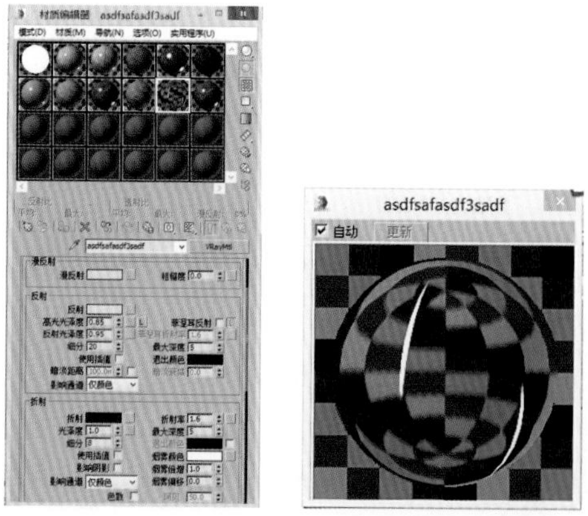

图4—3—77

进行玻璃材质渲染。如图4-3-78所示。

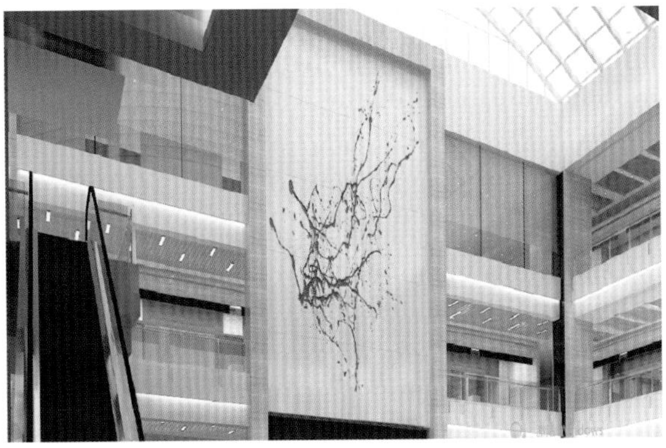

图4-3-78

接下来制作大理石的材质，进行贴图效果转到父对象调节参数值来达到最终效果。如图4-3-79所示。

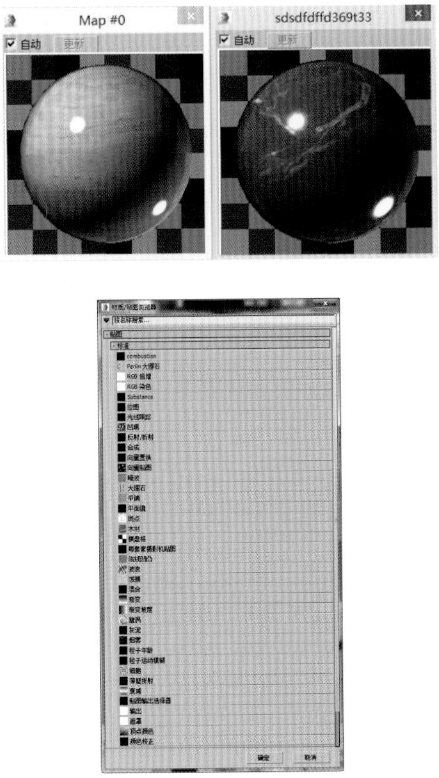

图4-3-79

材质贴图参数调整后，把材质放置到素模的模型上，给予真实的材质效果。如图4-3-80所示。

经过所有材质的拖放，就可以得到整体商场效果。如图4-3-81所示。

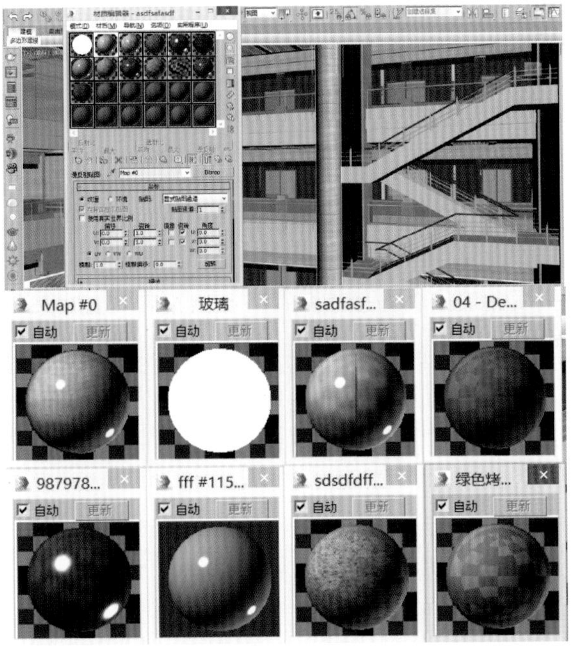

图4-3-80

图4-3-81

5.灯光的设置

打开“渲染设置”窗口，打开“V-Ray”选项卡，关闭“默认灯光”，设置“二次光线偏移”为0.001。如图4-3-82所示。

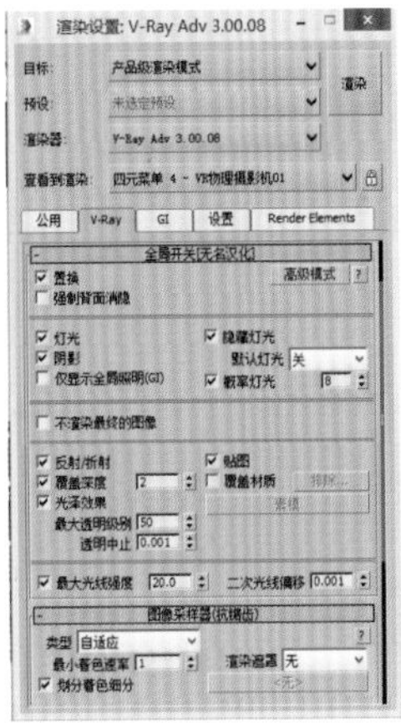

图4-3-82

展开“环境”卷展栏，勾选“全局照明环境”和“反射/折射环境”复选框，并设置“反射/折射环境”颜色为纯白色。如图4-3-83所示。

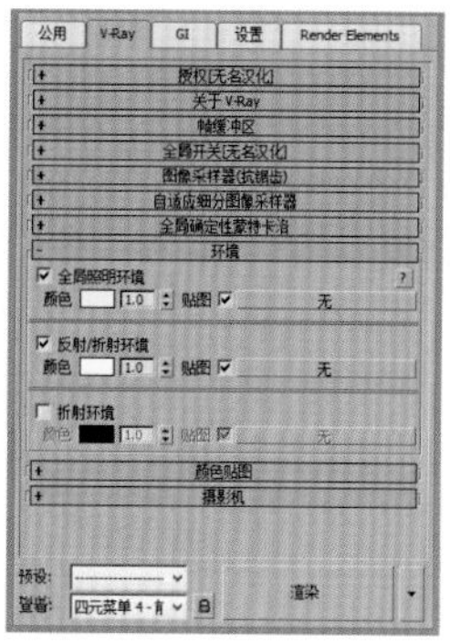

图4-3-83

展开“发光图”卷展栏，设置“当前预设”为自定义，设置“细分”为20、“最小速率”为5、“最大速率”为-5。展开“灯光缓存”卷展栏，设置“细分”为800。如图4-3-84所示。在“设置”选项卡中展开“系统”卷展栏，取消勾选“显示消息日志窗口”复选框。如图4-3-85所示。

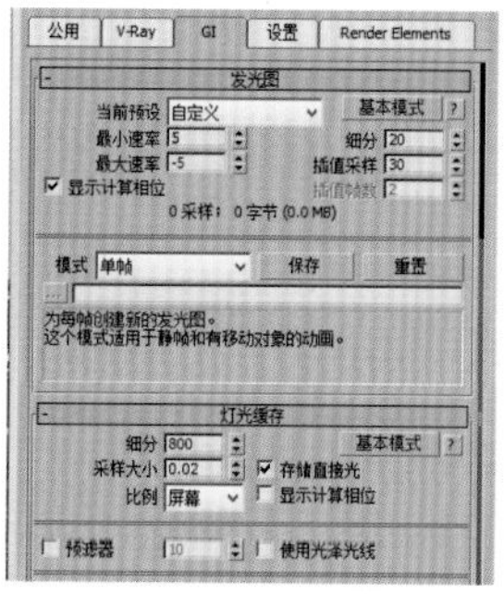

图4-3-84

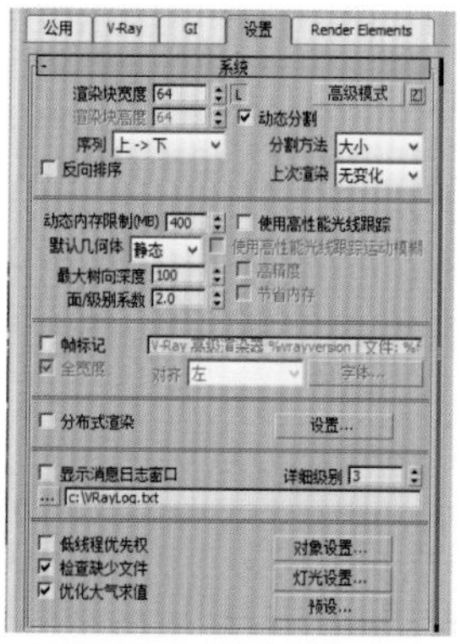

图4-3-85

回到“创建”面板，单击“灯光”按钮，再单击“VR-环境灯光”。如图4-3-86所示。

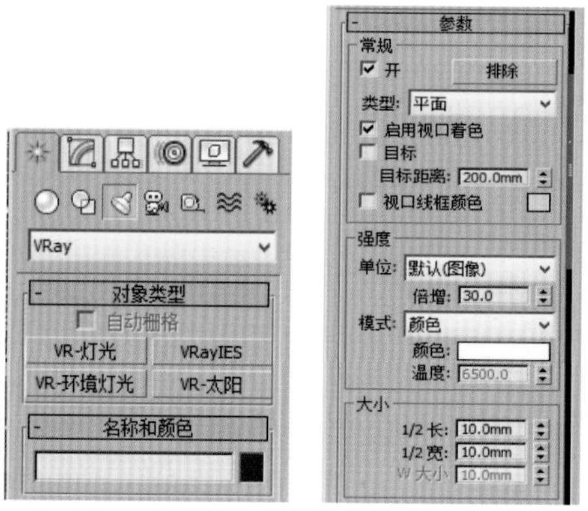

图4-3-86

在需要光源的物体上，创建与物体大小相符的灯光，将其照亮。如图4-3-87所示。

图4-3-87

6.渲染设置参数

（1）全局参数设置：去掉“材质最大深度”的勾选，这时材质反射的最大深度会采用默认的设置，一般为5，因为是最终渲染，所以反射要尽可能地充分。

(2) 图像采样（反锯齿）设置：①采样器类型设置为“自适应准蒙特卡洛”，这个设置虽然速度慢，但品质相对最好；②勾选抗锯齿过滤器中的开关，选择Catmull-Rom方式，这样会使我们渲染的画面更清晰。

(3) 间接照明设置：①首次反弹中的参数一般保持默认；②二次反弹中的参数最终出图时视情况而定，可以保持默认，但如果测试渲染的布光亮度刚好合适，建议最终出图时将二次反弹倍增值适当调为8.5～9.7，当然也要视具体情况而定。

(4) 发光贴图参数设置：①当前预置仍为自定义；②最小比率和最大比率可以设为-4和-3或者-3和-2左右，当然也要视具体情况而定；③模型细分定位50左右；④打开细节增加。

(5) 灯光缓冲参数设置：最终渲染二次反弹中的全局光引擎既可以选择“准蒙特卡洛”，也可以选择“灯光缓冲”，选择“灯光缓冲”品质会稍好一点儿，但很有限。如果选择“灯光缓冲”，这里的“细分”应调至800～1000。

(6) 采样器参数设置：最终出图时，这里一般将噪波阈值设为0.001～0.005，最小采样值在12～25，其他参数值可以保持不变。如图4-3-88、图4-3-89所示。

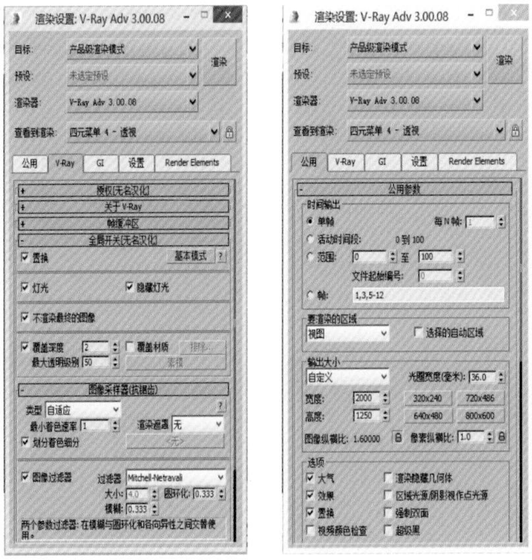

图4-3-88

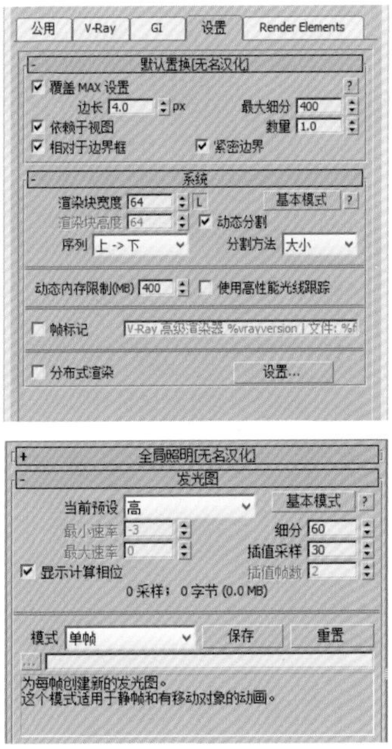

图4-3-89

最终效果如图4-3-90所示。以上就是建立模型、导入模型、材质的制作与贴图、灯光的建立与布置、摄像机的角度调节和渲染处理的详细室内效果图的制作流程，通过该商场空间的建立，让读者了解空间的制作思路。

图4-3-90

「第五章　3DMax/V-Ray 办公空间设计及工程实例」

本章重点

1. 了解办公空间的产生、发展及类型。
2. 掌握办公空间设计的基本要求和各种办公空间的设计重点。
3. 掌握各类型办公空间的建模及渲染要点。
4. 熟练操作 3DMax/V-Ray 软件进行办公空间的建模及渲染。

学习目标

通过本章的学习，了解办公空间设计的特点和重点，能够熟练地操作使用 3DMax/V-Ray 的各类命令进行办公空间的建模及渲染，熟练掌握办公空间中各类办公家具建模的尺度和材质的设置方法。熟记各类办公家具的设计尺度和材料的渲染参数。

建议学时

4 学时。

第五章　3DMax／V-Ray办公空间设计及工程实例

第一节 ///// 办公空间设计概述

一、办公空间设计的产生和发展

1.奴隶制社会时期

最早的办公空间出现于古代奴隶制社会时期，那时国家权力机构为了便于统治，设立专门进行记录、抄写、分配及监管等工作的人员。从考古文物和文献记载中可以看到很多关于早期办公空间存在的痕迹，例如，早在公元前3200年至公元前525年的古代埃及，在中央集权制的统治下，国家机构分工明确。可以清晰地在金字塔壁画中看到执笔者进行记录、管理者对奴隶进行调度和管理、祭司对太阳神进行祭拜和供奉。各类人员分工明确的工作场景以及他们所处的工作环境，即为原始办公空间的雏形。如图5-1-1所示。

图5-1-1　金字塔壁画

2.封建社会时期

中国封建社会时期，从大量的书画文献资料中可以看到，建筑中有处理全国事务的各部、院以及下属的衙门等办公机构，还有处理日常政务和事物的枢密院、总理衙门、上书房等。建筑的前厅空间用于公共交流，是会议室的雏形。供市民投诉解决纠纷的厅堂，类似于现在的办事大厅。此外，用于处理公文事务的书房，则与现代的员工办公室极为相似。封建社会后期出现了基础的商业模式，商品贸易的往来交流越来越频繁，出现了记录买卖的交易、计算收支利润的办公空间，这一时期的办公空间通常与商业空间相存相依。如图5-1-2所示。

图5-1-2　国画

3.工业革命时期

工业革命大大解放了生产力，开启了人类利用机械装置解放双手的全新时代。机器的规模化生产使传统的农业、手工业、制造业受到了强烈的冲击。新材料、新工艺、新产品大量出现，冲击全球的传统行业，机器时代使传统的生产组织方式产生了质的改变。人们不再需要手工完成每一件产品，大量的劳动力被解放出来。同时产生了新兴行业，这些行业需要大批的员工对产品进行记录，计算成本，计算价值，推销市场等。个体的办公模式逐步被群体的办公模式所取代，对群体的管理和产品管理的需求增加；机器的规模化使用使得从事制造的人员减少，从事管理的人员增加。办公空间随着生产力的发展最终从商业空间中脱离出来，形成一整套独立的空间形态。各类办公空间的工作环境要求越来越高，办公空间设计模式逐步形成。

4.信息化时代

第二次世界大战结束后，全球经济进入飞速发展的历史时期。随着生产力的进一步发展，人们的意识形态发生了巨大的变化。数字媒体的发明，使全球的联系更加紧密了，人们通过数字媒体接触到的信息是过去的几十倍甚至几百倍。人们之间的交流也从一个地区扩大到一个城市、一个国家，甚至全世界。互联网带给人类全世界范围的交流平台。贸易、文化、教育、体育各个类型的交流和创新都在创造价值，为先进的生产力服务。人们的工作也从工厂集中的集约化管理模式逐步变为分散式的家庭办公模式。一台电脑、一部可视电话就能够成为办公的平台。而另一部分集约化的办公环境也逐步变成更加开放、人性化、个性化的办公空间。信息时代的科学技术还使得人们对自己生存的空间和环境进行深刻反思，人们对办公空间生态和环境的要求也越来越高。在全球倡导绿色生态建筑和环保理念的大环境背景下，绿色生态办公空间、人性化办公空间已经成为办公空间的主流设计方式，逐渐被人们所认可。

二、办公空间设计的分类

现代办公空间按工作性质可以分为行政单位办公空间、事业单位办公空间、企业单位办公空间等。无论是何种类型的办公空间，都包括门厅接待区、员工办公区、领导办公区、公共休息室、会议室、公共卫生间、资料室、设备间等。不同性质的办公空间对设计的要求是不同的，在设计时应区别对待，特别是建模时办公家具的使用和选择，灯光的布置以及材质的选择，都有很大的区别。下面就每一种类别的办公空间设计进行分别讲述。

1.行政单位办公空间设计

行政单位是进行国家行政管理、组织经济建设和文化建设、维护社会公共秩序的单位，主要包括国家权力机关、行政机关、司法机关、检察机关以及实行预算管理的机关、政党组织等。其人员实行公务员体制管理，经费、工资、福利等全部由政府拨付。行政单位办公空间的使用者一般是国家机构中的党政机构（如省/市政府、省/市委、纪检委、法院、检察院、工商局、环保局、公安局等国家权力机构）。

行政单位办公空间的设计特点是部门分工明确，部门等级划分明确，办公独立，职能性强，具有稳重、崇高的视觉效果。党政机构的办公空间通常由各部门层级领导办公室、员级办公室、大中小型会议室、公共卫生间、公共食堂、公共休闲室等空间组成。在空间分区时一般以独立的部门和空间作为单元划分。同级别职员所占空间大小相同，设计内容和办公用品的设置基本相同。因此在进行办公空间的建模设计时，只需注意特殊性的部门职能即可，空间设计相对单纯简单，色彩朴素沉稳。

党政机构办公空间的设计以满足功能需要为主，不需要特殊的艺术处理，需要相对安静、肃穆的空间氛围。空间地面多以结实耐磨、造价低廉的花岗岩或瓷砖为主。门厅墙面或采用颜色朴素的大理石，或使用白色乳胶漆。天花的处理通常采用轻钢龙骨造型棚。采用灯片的照明方式为主，结合台灯、落地灯等办公用照明装置。党政机关内，由于各种类型的会议较多，通常对会议室的要求比较高，因此在进行空间设计时，应考虑会议室的隔音吸音效果以及会议室各种会议的功能需要。

2.事业单位办公空间设计

事业单位一般指实施政府某项服务的部门或机构（如电台、电视台、中小学校、高校、文艺部门、各级图书馆、档案馆、展示馆、卫生医疗服务部门等）。事业单位是为了社会的公益目的从事教育、文化、卫生、科技等活动。事业单位的办公空间除了包含党政机构的办公空间类型以外，还包含各单位自身的研发机构办公室。但一般事业单位除高校以外，通常不设置食堂。与党政机构办公空间相比，对会议室的要求也较低。事业单位通常是对外服务的窗口，需要有与公众接触的公共办公空间，在进行这部分空间建模设计时，应考虑公共通道的宽度比例，以及公共办公人员办公器材的特殊性。当两种空间环境同时存在时，如何以最好的方式和设计语言将两者进行充分的融合是设计师需要解决的问题。通常，选用同一色彩倾向性的空间，局部空间以地面的材质加以区分，在渲染时，只需更换地面材质即可。

3.企业单位办公空间设计

企业单位一般是指以营利为目的，运用各种生产要素（土地、劳动力、资本、技术等），向市场提供商品或服务，实行自主经营、自负盈亏、独立核算的法人或其他社会经济组织。企业是市场经济活动的主要参与者。企业有三类基本组织形式：独资企业、合伙企业和公司制企业，公司制企业是现代企业中最主要、最典型的组织形式。

企业在商品经济范畴内，作为组织单元的多种模式之一，按照一定的组织规律，有机构成经济实体，一般以营利为目的，以实现投资人、客户、员工、社会大众的利益最大化为使命，通过提供产品或服务换取收入。它是社会发展的产物，因社会分工的发展而成长壮大。企业办公空间通常包含层级领导办公室、员工办公室、大中小型会议室、公共卫生间、公共休闲室等。企业办公空间设计应遵循企业的性质和企业的服务特点。不同的企业蕴含的企业内涵是有本质区别的，因此，在进行空间设计时应首先了解企业文化，通过对企业文化的深度剖析，确定设计的方向。舒适的灯光环境能够使员工有饱满的工作情绪，极大地提升工作效率。通常，进行带有专业性质的企业办公空间设计时，除了涵盖普通企业的空间以外，还包含专门的研发办公空间。

三、办公空间现状分析

现代办公空间提倡工作的时效性，快节奏的生产生活方式已经遍布各行各业的工作中。在这种节奏下，工作环境设计不仅仅只是单纯的一张办公桌就能解决问题，人们希望拥有舒适的办公家具，操作灵活的工作设备，和谐的工作氛围，辨识度高的部门机构，规划合理的办公通道。此外，工作的周期和时长也越来越受到重视，研究发现员工对工作环境的满意程度与工作效率成正比，也就是说，越舒适的办公空间环境，越能够得到员工的认可，越能够提高工作效率，从而获得更高的生产力，即在相同工作时间范围内，得到的成果越多，利润越高。显然，人性化的办公空间设计是未来办公空间发展的方向。

此外，基于全球资源逐渐减少的问题，环保节能型建筑空间模式也相应出现，并逐步被社会认可。节能、环保、自然、舒适的个性化生态型办公空间将逐步取代传统的办公空间。新媒体时代的到来，电子媒介在办公空间中的应用不仅简化了大量的工作流程，还解放了工作者的大脑。通过电子媒介的帮助，工作台被简化了，办公用品减少了，给企业带来了更多的利润空间。

现代办公空间的生态环保性体现在许多新建成的办公空间都将自然光引入空间当中，同时引入了绿色植被，空间更富有生机活力。此外，太阳能的大量使用，一方面为办公环境提供了充足的能源，另一方面为办公空间的建筑表皮增加了全新的设计感官体验。人们利用对风能在空间中流动的研究，将这种有效的风能利用模式引入办公空间的设计当中，较之原始的通风系统，新技术采用自然的方式，利用建筑风能朝向结合空间形态造型，为建筑内的办公空间提供四季新鲜的空气。虽然，现今许多新技术、新理念还没有被广泛应用和推广，但更加生态、环保、人性化的办公空间将是未来发展的方向。如图5-1-3所示。

图5-1-3　现代办公空间

第二节 3DMax/V-Ray办公空间设计的要素分析

一、办公区域

1.领导办公室

领导办公室是指企事业单位或国家行政机关的高级管理人员工作的办公区域。领导办公室空间设计的特点是权威性，因此，其较普通员工工作空间具有以下特点：第一，面积较大。领导办公室的空间面积应与权力等级的高低成正比。第二，办公设施更加全面。通常，领导办公室包含办公、会客、指令发布、休息等功能。第三，相对独立的个性设计。在材料的选择和空间的划分上，如果领导有特殊的工作习惯，应按其个人意愿在可以的范围内进行个性化设计。

进行建模时，应相应选择档次较高、尺寸较大的办公家具，布置办公家具时应充分考虑工作时来访者的出入流线等问题。另外，材质上也要选择高档精细的材料，装饰纹样也需要显示出豪华感和精致感，对灯光的要求相对较高，应选择档次较高的照明设备，营造出更加和谐舒适的空间氛围。

2.员工办公室

员工是一个公司的灵魂和核心，员工办公空间设计的好坏直接影响公司的业绩和未来发展的前景。相对于领导办公区域而言，员工工作区域一般只设置相同规格类型的办公家具，如办公桌、办公座椅、文件柜等，还应设置必备的书柜、资料柜、绿植等。通常，现代办公空间中，一般采用独立式小型办公室或大中型开敞式办公空间，专业性质的公司一般采用开敞式空间布局方式，员工的工作操作台相互毗邻，便于团队的沟通和合作。独立的小型办公空间适用于部门分类联系的行政机构公务人员。

员工办公室是最能体现一个公司形象和工作效率的空间。一个优秀的空间既能够使员工以饱满的热情投入到工作中，也能够给来访者一个舒适愉悦的初步印象。在设计建模过程中，首先要注意按照公司的工作性质对空间进行研究定位，建立一种办公风格。然后，选择合适的办公家具，应预留足够的办公通道，通道宽度一般不低于一张工作台的宽度。大中型开敞式办公空间由于是多人共同在一个空间内工作，因此，要设计有效的噪声控制系统、空气调节系统、温度控制系统。还应注意空间内人员的密度，人员过于密集不利于办公，互相干扰的办公环境将大大降低员工的工作效率。而过于稀疏的办公环境会引起办公氛围不强烈、工作兴致降低的问题出现。同时，在设计均匀布光的同时也要考虑办公人员的独立照明，采取柔和舒适的光环境为主、局部电光源辅助照明的灯光处理方案。

二、公共区域

1.公共大厅

办公空间的公共大厅是整个办公空间的开篇，具有引导外来人员、疏散内部员工的缓冲功能，公共大厅应具有良好的空间导向性，设计合理的视觉导向系统。公共大厅是各个空间的枢纽，在设计中，应依据建筑原有空间基础，合理地组织地面、天花及各部分通道口的设计。公共大厅应具有接待功能，是来访人员咨询/等待、展示公司业绩、展示公司形象、展示公司各部分构成的公共窗口。其室内设计依据该公司从事的行业特点和公司的企业文化来进行，具备个性化的同时，兼具大众性的特点。用最恰当的方式，把握空间氛围的营造，为来访者传递该公司的文化理念。

在进行建模和渲染制作时，对公共大厅的尺度把握是设计的关键，在空间中应均匀布置灯光照明，保证大厅明亮宽敞。由于大厅属于人员往来频繁的区域，因此，在设计时应考虑空间的耐久性，地面的材质应选择易清洁、耐持久的石材材质，对施工的要求也相对比较高。如图5-2-1所示。

图5-2-1　深圳大涌华润办公空间创意设计

2.会议室

在办公空间设计中，会议室的设计占很大的比重。一般来说，大、中、小型会议室是一个公司必不可少的沟通洽谈场所。如果说公共大厅是为来访者提供的第一道窗口，那么会议室就是第二道窗口，是一个公司形象与综合实力的体现。同时，会议室是公司内部管理者与属下交流、员工与员工的团队协作交流的重要场所。因此，会议室的功能设计显得尤为重要。大型会议室或报告厅通常用于召开大型会议和全体员工会议，规模通常在几十人至几百人。中型会议室通常在20～50人。小型会议室设置在20人以下的范围内。大型会议室通常采用会议台位于空间前部，与会人员位于空间后部，主次分明，应具备扬声器、多媒体放映、灯光控制等功能。中小型会议室一般采用中心布置的方法，交流和讨论的人员采取面对面的围聚方式。这样的空间布置形式有利于人员的讨论和交流。对于会议室的空间，主要通过灯光对空间环境进行调解，需设计多种控光方式，团队讨论或与甲方谈判时需要相对柔和、均匀的明亮照明气氛。多媒体放映时需要较暗的灯光环境，需要既不影响播放，又能照亮会议桌面的柔性灯光。

在材料的选择上，依据整体办公空间的设计风格，选择会议室空间的材料，在色彩上统一风格。尽量避免选择具有明显视觉冲击力的色彩或装饰，避免引起交流时注意力的分散。如图5-2-2所示。

图5-2-2　ATLAS 寰图公共区

3.走廊通道

走廊通道与入口大厅相比，疏散人流的能力更强。走廊通道面积一般都比较小，在设计时，尽量避免进行过细的分割，更适合通过色彩的比例、材质的选择对空间进行处理。通道处人流密集，特别是电梯间人流密集，难免会触碰墙面或墙角处，应特别注意对通道墙面材质的选择以及对墙角的工艺处理。如图5-2-3所示。

图5-2-3　办公空间走廊

4.卫生间

办公空间的公共卫生间设计是空间设计的细节和亮点。首先，按照员工人数合理设置卫生间的大小，避免造成卫生间排队现象，这会造成员工工作时间缩短，工作效率大打折扣。其次，公共设施应相对完善，员工区域人员较多，容易引起疾病的交叉感染，因此，同样要注意增加消毒、清洁设备。再次，卫生间同样能够体现一个企业的文化理念，对员工家庭一般的爱护才能使来访者对公司产生信任。一个不重视细节处理的公司将很难有大的作为。如图5–2–4所示。

图5–2–4　卫生间

三、服务区域

1.就餐区

为了适应现代办公空间以人为本的管理理念，许多行政机构、企业和公司都会为员工提供员工餐厅，以方便员工就餐。一方面，能够体现公司对员工的人文关怀；另一方面，避免了员工为饮食而花费过多的精力，导致工作效率打折扣。办公空间就餐区的设计不同于正式的餐饮空间，应以干净整洁的空间环境为设计理念。设置合适的员工就餐台和流畅的取餐台。餐前的卫生洁具和餐后的餐盘清洗系统也是员工餐厅必不可少的装备。

就餐区的空间环境应展现整洁明亮的视觉效果，建模时可以将就餐座椅按对桌形式摆放，同时，就餐区可以适当搭配绿植，增加空间的亲和力，设置柔和的均匀布光形式，营造舒适的就餐环境。如图5–2–5所示。

图5–2–5　办公空间就餐区

2.休闲室

现代办公空间中，特别是一些经常需要加班的单位，合理设置休闲空间，能够使员工轻松地进行办公。休闲室通常布置休闲座椅及简单的健身器械，另外还包括咖啡机、吸烟区、母婴区等人性化设计。休闲室的设计标准应与办公空间的整体设计标准相同，创造轻松和谐的气氛，对各种类型的设备的配置，应按照公司员工的习惯来进行。在布置时，应注意避免设备使用空间的交叉，以免造成拥堵。

休闲空间内可以摆放绿植，给休闲的员工提供轻松的视觉环境，特别是一些需要有头脑风暴和创造力的办公部门，员工需要和谐轻松的环境来尽可能地发挥设计创意。一些游戏软件开发部门甚至可以让员工在空间中自由布置自己喜爱的玩具、物品或图案等。这些都是新兴产业下发展起来的新办公空间的设计风格。如图5–2–6所示。

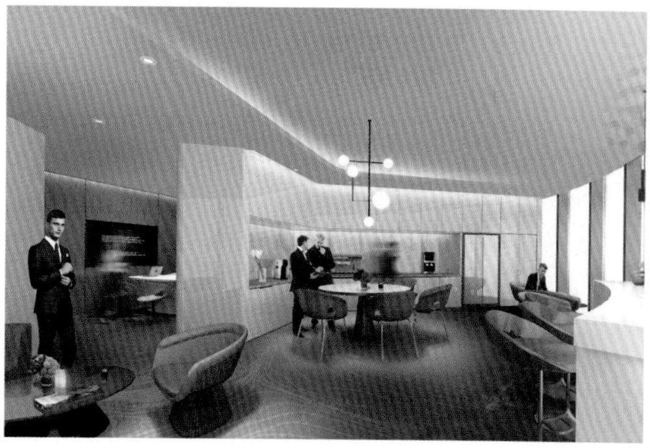

图5–2–6　办公空间休闲区

3.茶水间、设备间、衣帽间

通常，行政机构单位会在楼层的角落开辟一间小室，作为本楼层的茶水间，因办公人员较多，茶水间利用率较高，因此，设计的位置应位于该楼层相对中心，但不引起绝对关注的位置。茶水间不需要过多的装饰设计，只需要满足功能性即可。设备间应设计在办公空间的角落或一侧，如果按空间划分，必须设置在明显处，这时就需要进行装饰设计，使其弱化，不引人注目。如图5–2–7所示。

在某些特殊企业中，会有衣帽间的设置，例如大型企事业单位、商场的办公区、餐饮娱乐空间员工的办公区等。通常按所需员工的人数安排衣帽间储物柜的数量。

图5-2-7　办公空间茶水间

第三节 ///// 3DMax/V-Ray办公空间设计实例

［实例一］

办公空间设计是指对布局、格局、空间进行物理和心理分割。办公空间设计需要考虑多方面因素，涉及科学、技术、人文、艺术等诸多因素。办公空间设计的最大目标就是要为工作人员创造一个舒适、方便、卫生、安全、高效的工作环境，以便最大限度地提高员工的工作效率。这一目标在当前商业竞争日益激烈的情况下显得尤为重要，它是办公空间设计的基础，是办公空间设计的首要目标。下面就带领大家制作一个办公空间的效果图。

图5-3-2

1.简介

办公空间的创建过程与居室空间大致相同，包括创建模型、设置光源、赋予材质以及渲染出图四个步骤。如图5-3-1～图5-3-5所示。

图5-3-1

图5-3-3

图5–3–4

图5–3–5

2.模型的制作

单击“Max”图标并选择“导入”命令，在选择“合并”命令后，会弹出“合并”对话框，找到要选的“书柜模型”文件夹，单击“确定”按钮完成操作。如图5–3–6、图5–3–7所示。

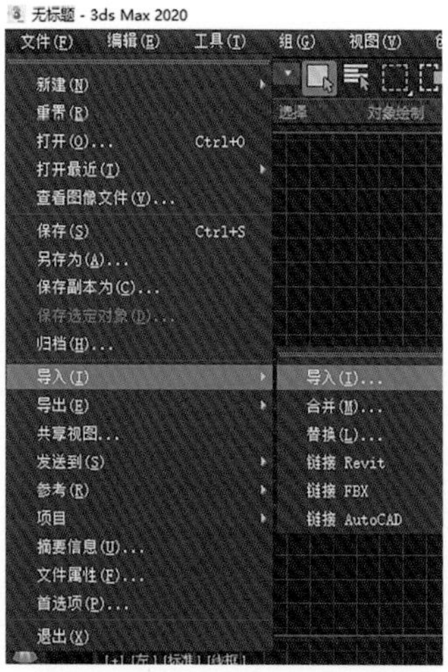

图5–3–6

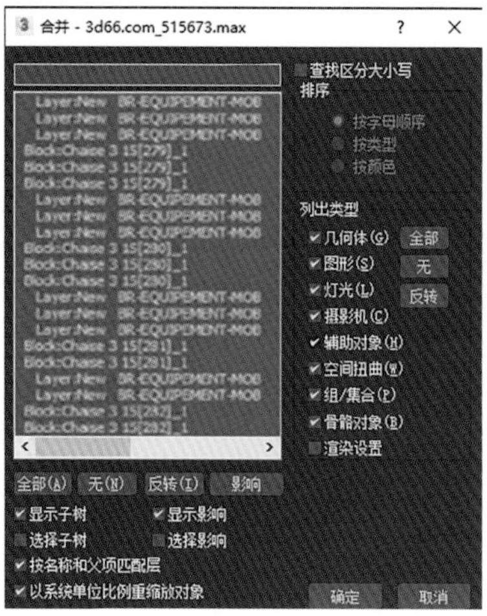

图5–3–7

把“桌子模型”也合并进来，对模型进行移动和旋转调整。如图5–3–8、图5–3–9 所示。

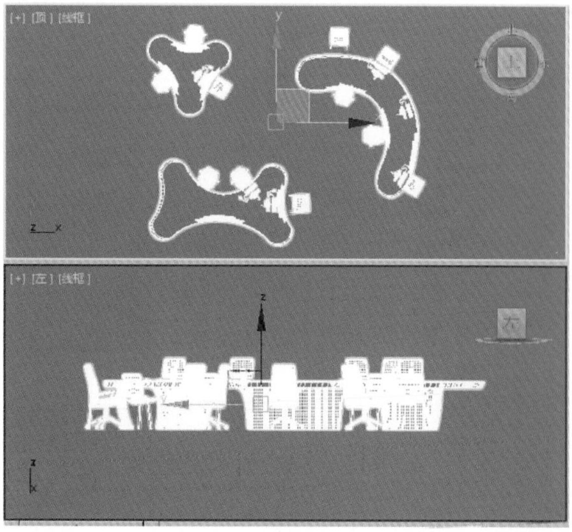

图5–3–8

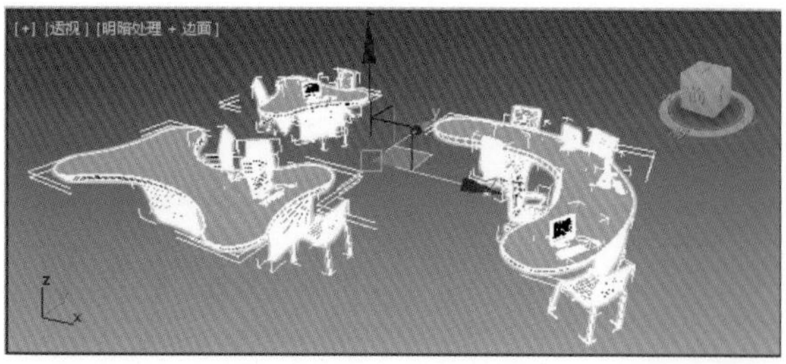

图5–3–9

选择刚刚合并进来的所有家具，进行移动和摆放。如图5–3–10、图5–3–11所示。

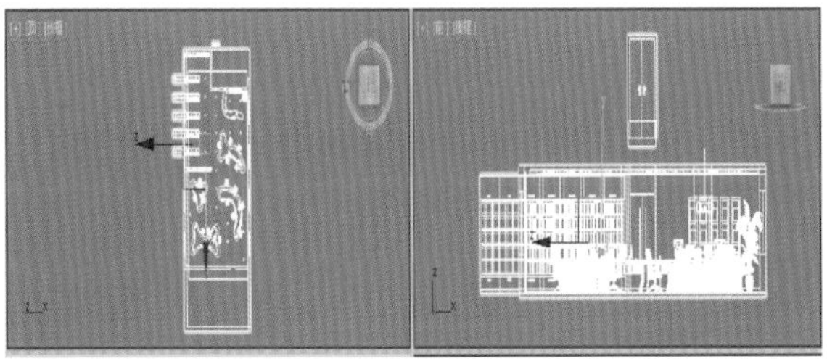

图5-3-10

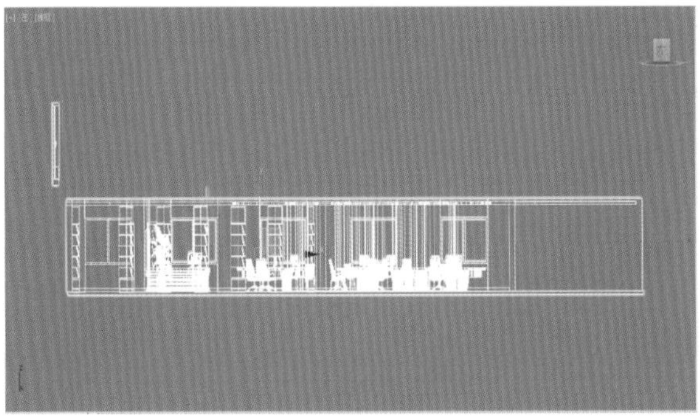

图5-3-11

3.摄像机的设置

打开“创建”面板，单击“摄像机”按钮，再单击“目标”按钮，在顶视图里拖动鼠标建立一台摄像机。如图5-3-12、图5-3-13所示。

图5-3-12

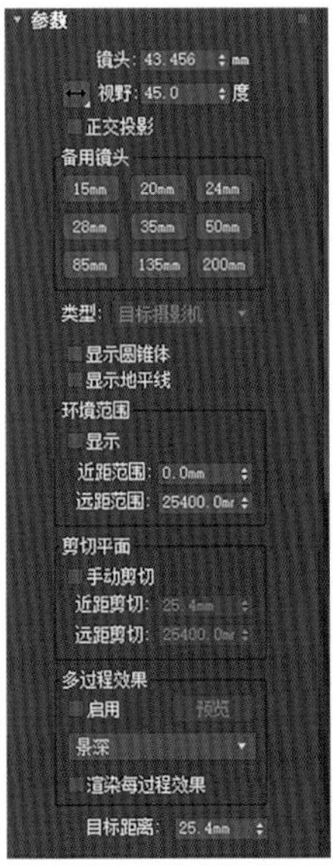

图5-3-13

选择任意视图，按“C”键进入“摄像机视图”，观察摄像机效果。如图5-3-14所示。

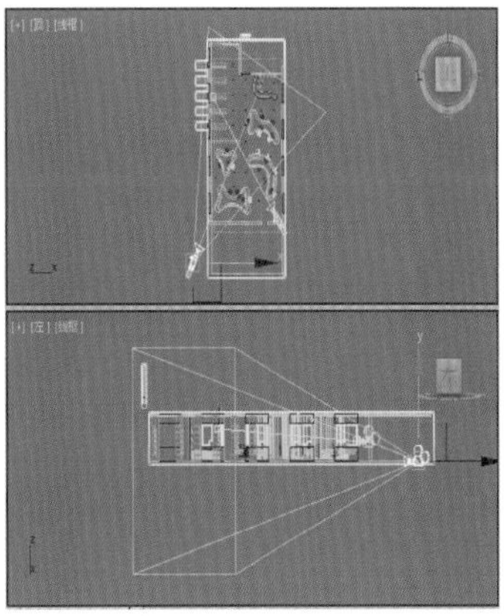

图5-3-14

在顶视图中进一步调整摄像机的位置，之后观察摄像机视图的最终效果。如图5-3-15所示。

图5-3-15

4.材质的制作和调整

设置一个“VRayMtl”材质“乳胶漆”，设置“漫反射”颜色为纯白色R255，G255，B255。如图5-3-16所示。

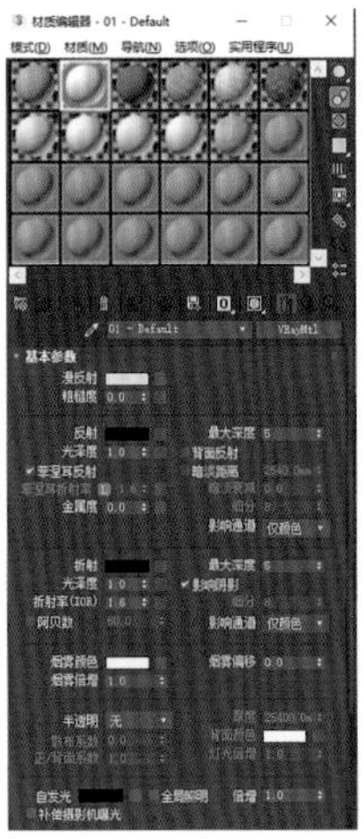

图5-3-16

选择“房间”模型，为其赋予乳胶漆材质。如图5–3–17、图5–3–18所示。

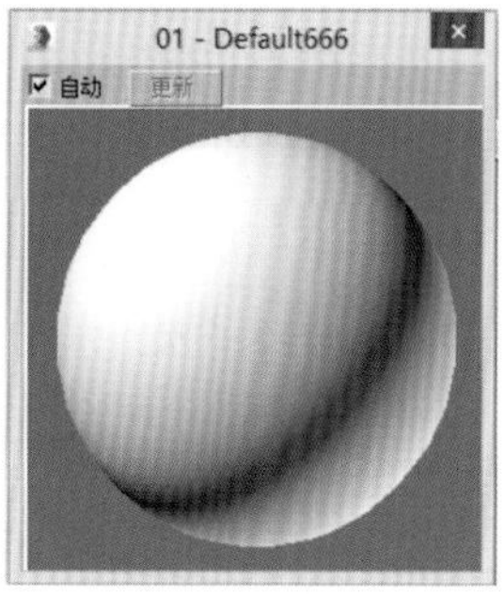

图5–3–17

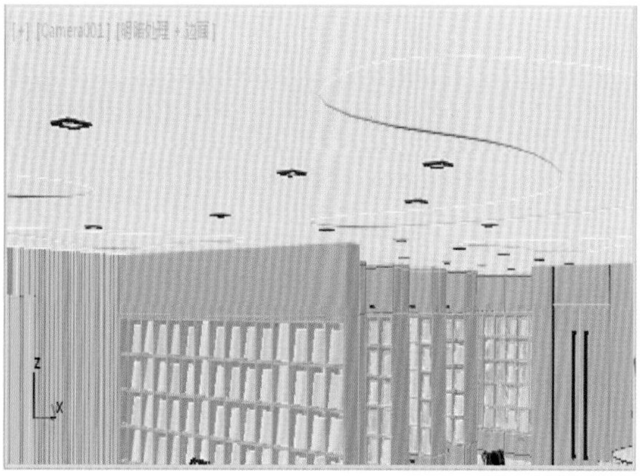

图5–3–18

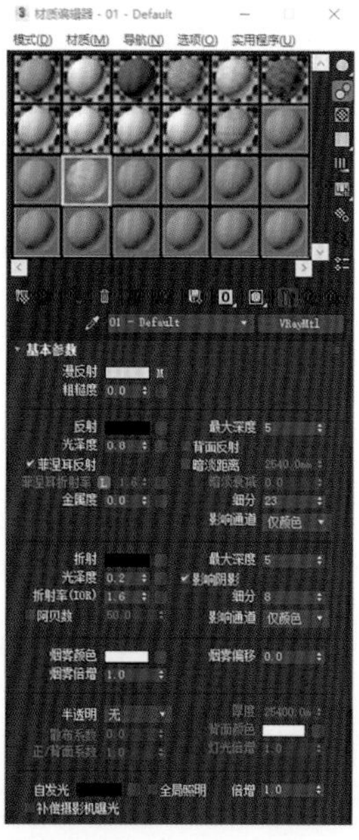

图5–3–19

在材质编辑器上选择“大理石地面”材质，单击“将材质指定给选定对象”按钮，把材质赋予“地面”，在材质编辑器上单击“视图中显示明暗处理材质”按钮，可以在视图中显示贴图纹理。把材质命名为“大理石地面”，设置材质的“反射光泽度”为0.8，“最大深度”为3，取消勾选“非涅耳反射”复选框，为“反射”通道添加“衰减”贴图，设置前衰减颜色为黑色R30，G30，B30；侧衰减颜色为灰色R176，G176， B176。如图5–3–19所示。

为材质的“漫反射”通道中贴入一张“平铺”贴图。如图5–3–20所示。

图5–3–20

建立一个“VRayMtl”材质“布料”，为“漫反射”通道加入“衰减”贴图，设置前衰减颜色为灰色R220，G220，B220；设置后衰减颜色为纯白色R225，G225，B225。展开“贴图”卷展栏，为“凹凸”通道加入一张“位图”，贴图为“布料”，布料图片为JPG格式，设置凹凸强度为500。如图5–3–21所示。

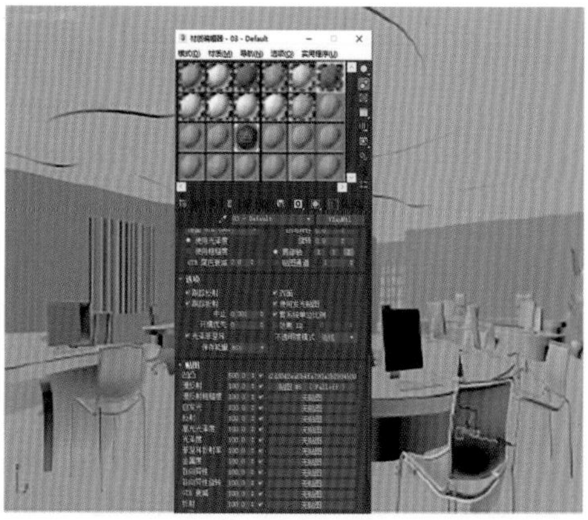

图5–3–21

选择“椅子”模型的一部分，赋予“布料”材质，然后设置合适的坐标贴图即可。如图5–3–22所示。

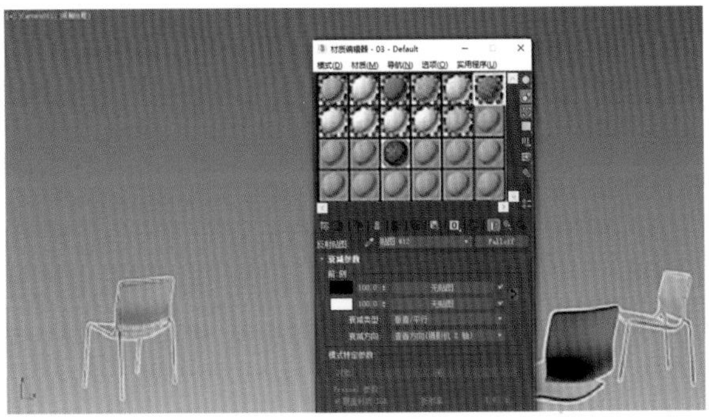

图5-3-22

建立“玻璃”材质，将“漫反射”“折射”的颜色都设置为纯白色R225，G225，B225，在“反射”通道中加入“衰减”贴图，保持默认衰减数值。如图5-3-23所示。

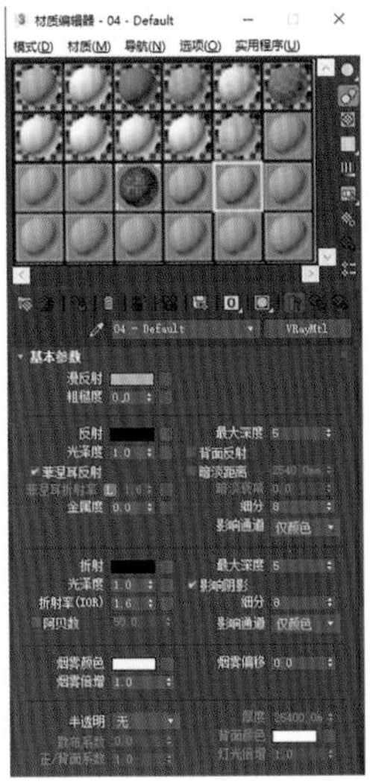

图5-3-23

将材质赋予模型的玻璃部分。如图5-3-24所示。

图5-3-24

5.灯光的设置

打开“渲染设置”窗口，点击“公用”选项卡，调整渲染图片尺寸为宽度500、高度375，打开“V-Ray”选项卡，关闭“默认灯光”，设置“二次光线偏移”为0.001，展开“图像采样器”卷展栏，设置采样方式为“固定”，暂时取消“图像过滤器”。如图5-3-25、图5-3-26所示。

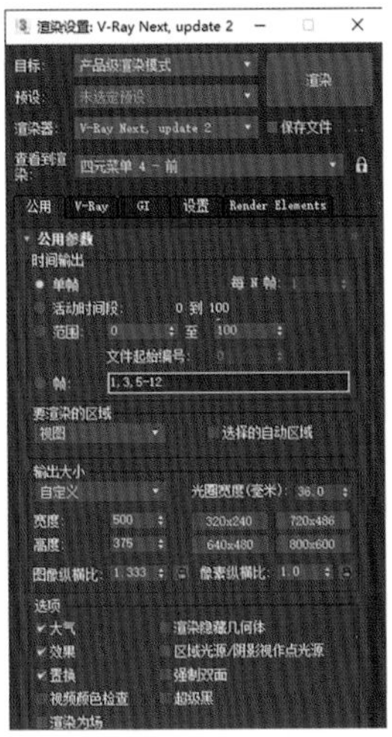

图5-3-25

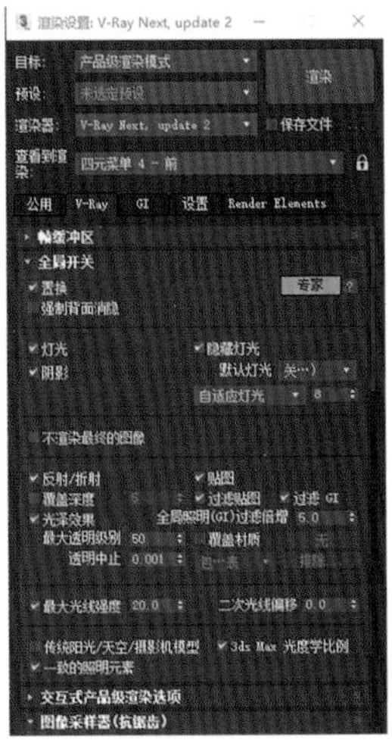

图5-3-26

展开“环境”卷展栏，勾选“全局照明（GI）环境”和“反射/折射环境”颜色为纯白色。进入“GI”选项卡，展开“全局照明”卷展栏，勾选“启用全局照明”复选框，设置“二次引擎”为“灯光缓存”模式。如图5-3-27、图5-3-28所示。

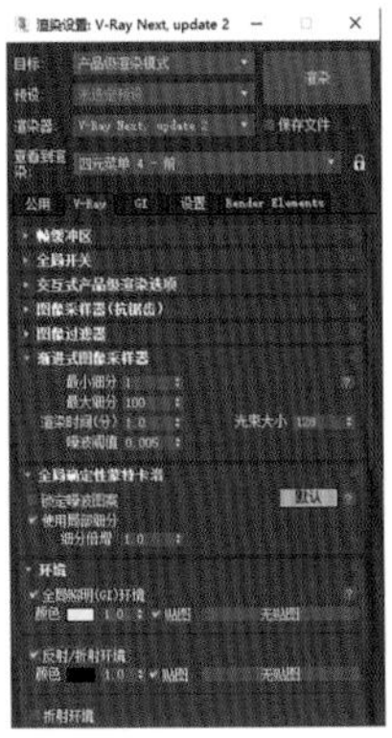

图5-3-27

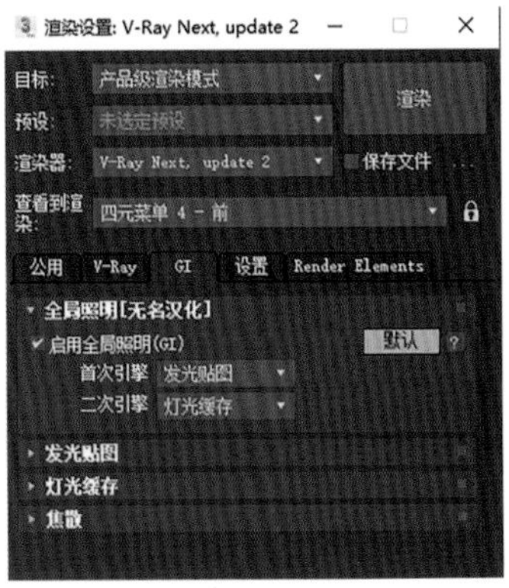

图5-3-28

展开“发光图”卷展栏，设置“当前预设”为“自定义”，设置“细分”为20，设置“最小速率”为-5，“最大速率”为5，勾选“显示计算相位”复选框，展开“灯光缓存”卷展栏，设置“细分”为20。如图5-3-29所示。

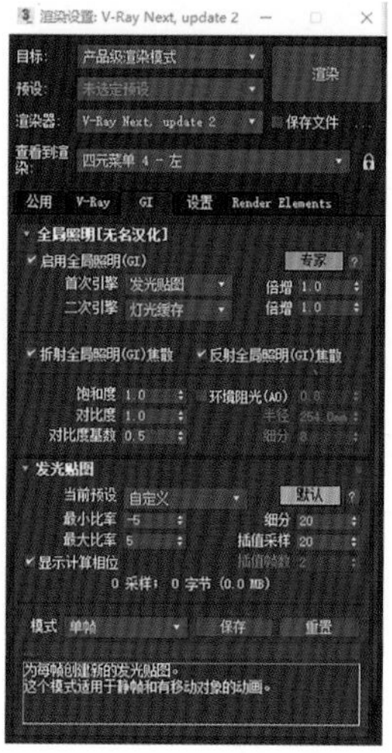

图5-3-29

进入“V-Ray”选项卡，在“全局确定性蒙特卡洛”卷展栏中设置“自适应数量”值为0.85，“噪波阈值”为0.01，在“设置”选项卡中展开“系统”卷展栏，取消勾选“显示消息日志窗口”复选框。如图5-3-30所示。

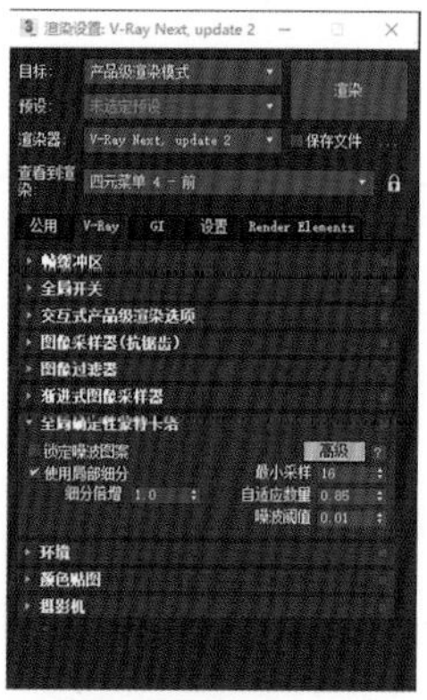

图5-3-30

展开“环境”卷展栏，勾选“全局照明（GI）环境”和“反射/折射环境”颜色为纯白色。进入“GI”选项卡，展开“全局照明”卷展栏，勾选“启用全局照明”复选框，设置“二次引擎”为“灯光缓存”模式。如图5-3-31所示。

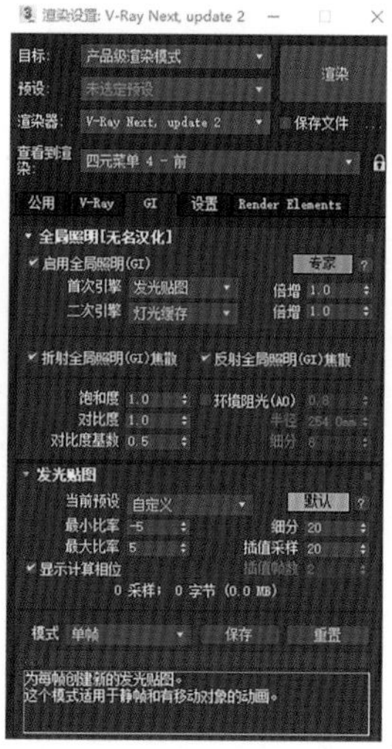

图5-3-31

6.渲染参数设置

在工具栏中单击“渲染设置”按钮，选择“V-Ray Next update2”渲染器，单击“确定”按钮。如图5-3-32所示。

图5-3-32

（1）全局参数设置：去掉“材质最大深度”的勾选，这时材质反射的最大深度会采用默认设置，一般为5，因为是最终渲染，所以反射要尽可能地充分。

（2）图像采样（反锯齿）设置：①采样器类型设置为“自适应准蒙特卡洛”，这个设置虽然速度慢，但品质相对最好；②勾选图像过滤器中的开关，选择Catmull-Rom方式，这样会使我们渲染的画面更清晰。

（3）间接照明设置：①首次反弹中的参数一般保持默认；②二次反弹中的参数最终出图时视情况而定，可以保持默认，但如果测试渲染的布光亮度刚好合适，建议最终出图时将二次反弹倍增值适当调为8.5～9.7，当然也要视具体情况而定。

（4）发光贴图参数设置：①当前预置仍为自定义；②最小比率和最大比率可以设为-4和-3，或者-3和-2左右，当然也要视具体情况而定；③模型细分定位50左右；④打开细节增加。

（5）灯光缓冲参数设置：最终渲染二次反弹中的全局光引擎既可以选择“准蒙特卡洛”，也可以选择“灯光缓冲”，选择“灯光缓冲”品质会稍好一点儿，但很有限。如果选择“灯光缓冲”，这里的“细分”应调至800～1000。

（6）采样器参数设置：最终出图时，一般将噪波阈值设为0.001～0.005，最小采样值为12～25，其他参数值可以保持不变。如图5-3-33～图5-3-37所示。

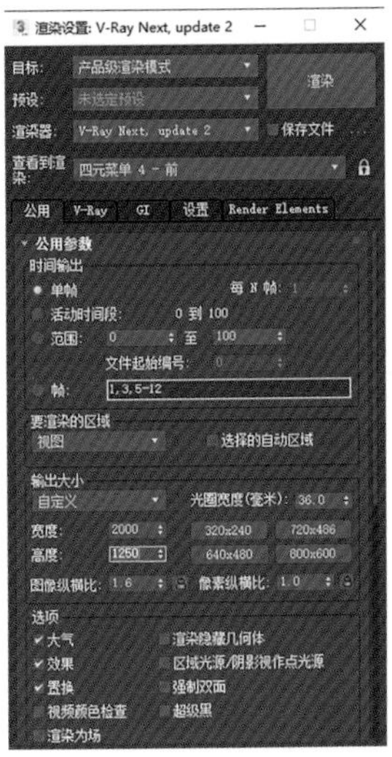

图5-3-33

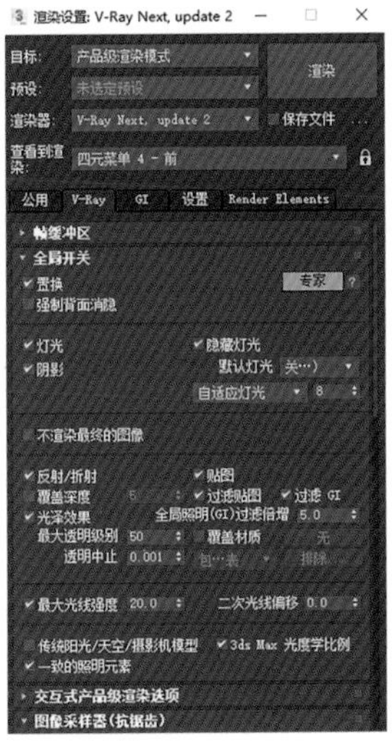

图5-3-34

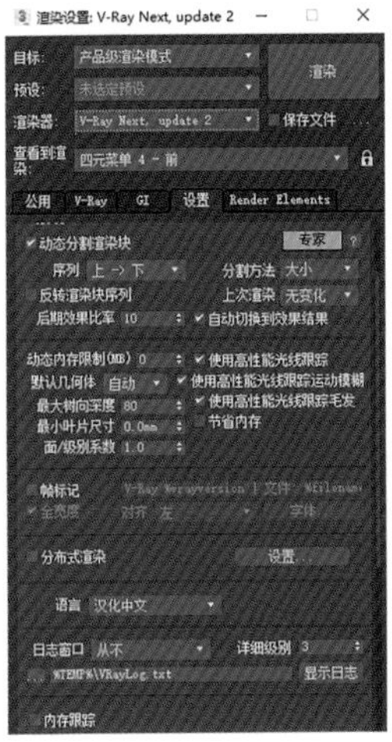

图5-3-35

图5-3-36

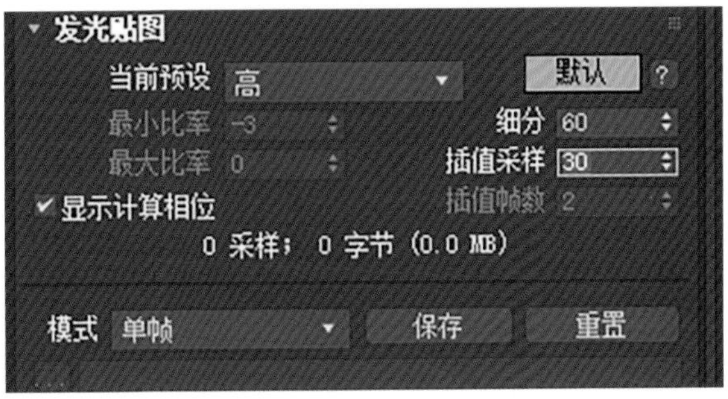

图5-3-37

最终效果图如图5-3-38所示。

图5-3-38

［实例二］

在顶视图中用二维线工具中的“Rectangle”画出长方体。在右侧调节方形大小。在“Modifier”中输入“E”，选择Extrude挤出。以此类推，挤出另外墙体，建立房屋基本格局。如图5-3-39所示。

在二维线工具中选择“Arc”，画出直线。选择对称工具，选择“Copy”对称复制曲线。如图5-3-40所示。

用鼠标右键点击空白处，选择“Convert to Editable Spline”选择线条工具，点开“Attach”将两条线相加。如图5-3-41所示。

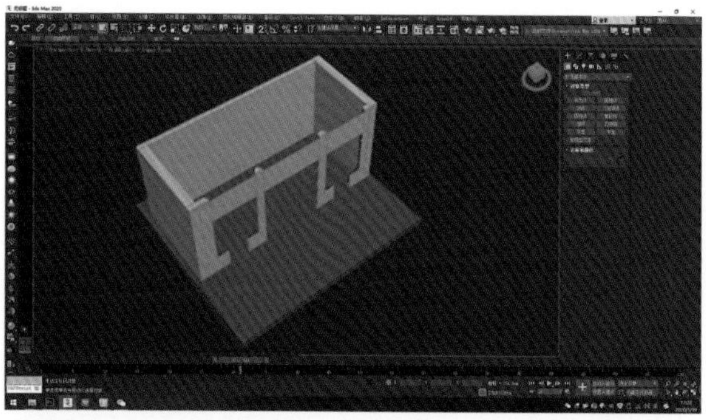

图5—3—39

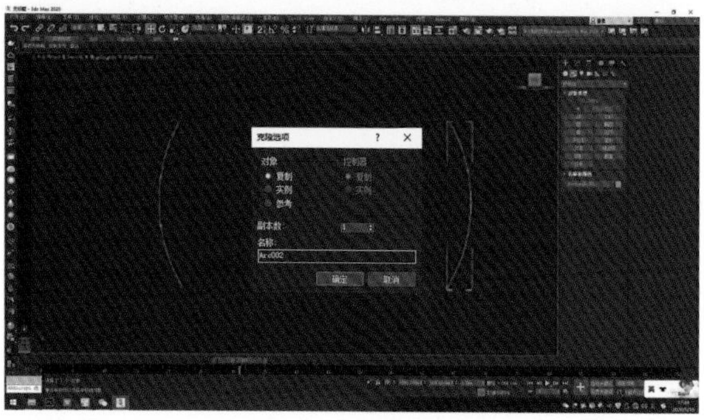

图5—3—40

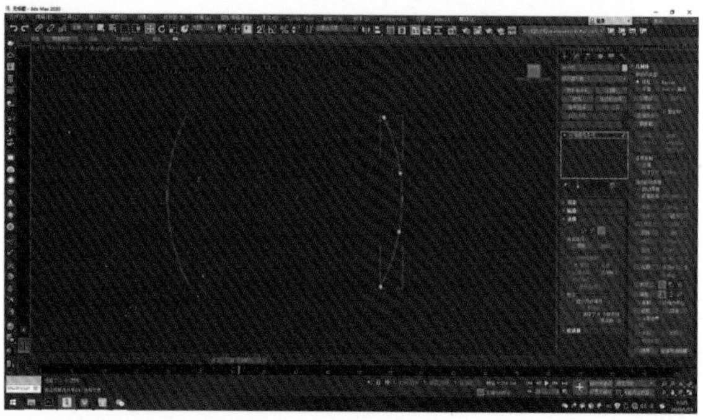

图5—3—41

选择点工具，点开“Connect”连接点。点开“Refine”加点。如图5—3—42所示。

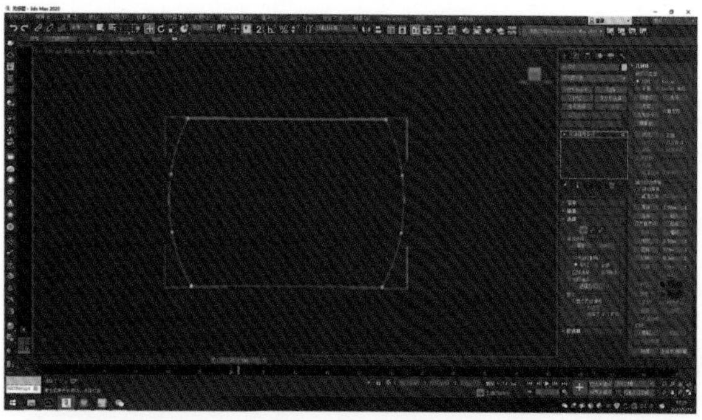

图5—3—42

调整点的位置。如图5—3—43所示。

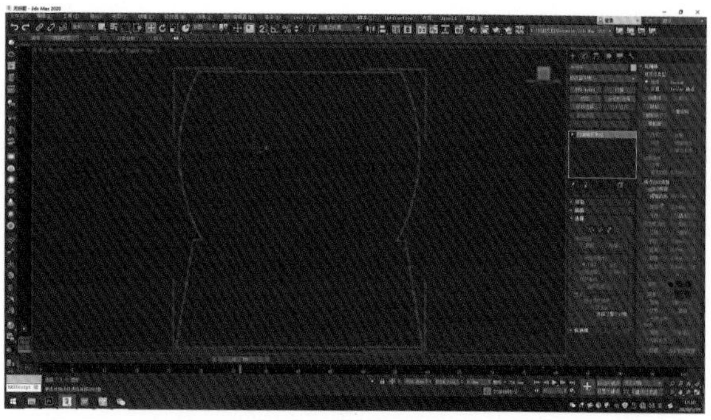

图5—3—43

在编辑器中输入“L”，选择“Lathe”，得到图形。如图5—3—44所示。

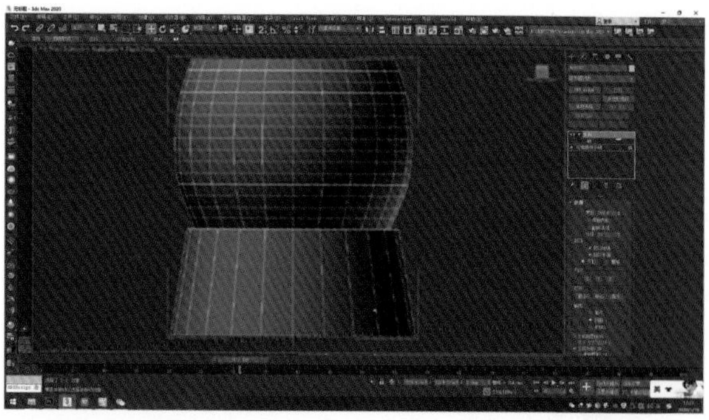

图5—3—44

将方体组合成底座。如图5—3—45所示。

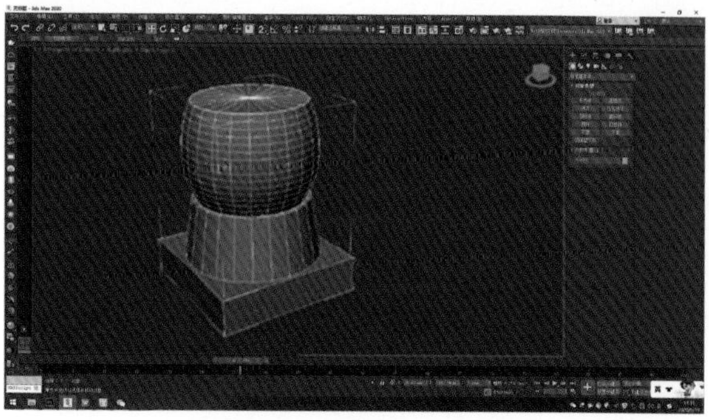

图5—3—45

将圆柱组合成柱子。如图5—3—46所示。

将柱子放置在空间中。建立方体。如图5—3—47所示。

复制并旋转，调整长宽比例。如图5—3—48所示。

组合成中式窗户。如图5—3—49所示。

在侧视图中用二维画出长方形。选择线工具，打开“Attach”将线条相加。如图5—3—50所示。

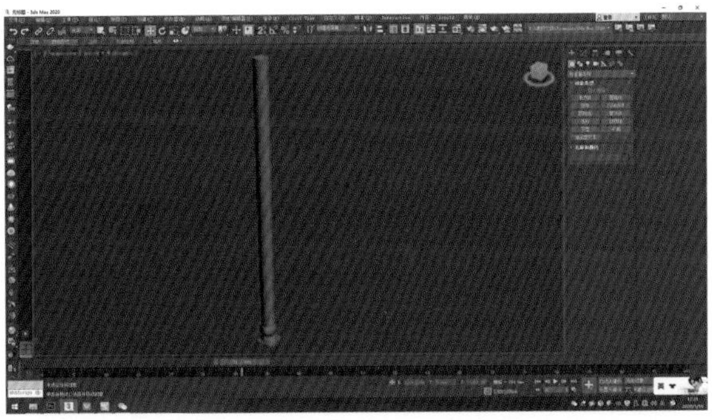

图5—3—46

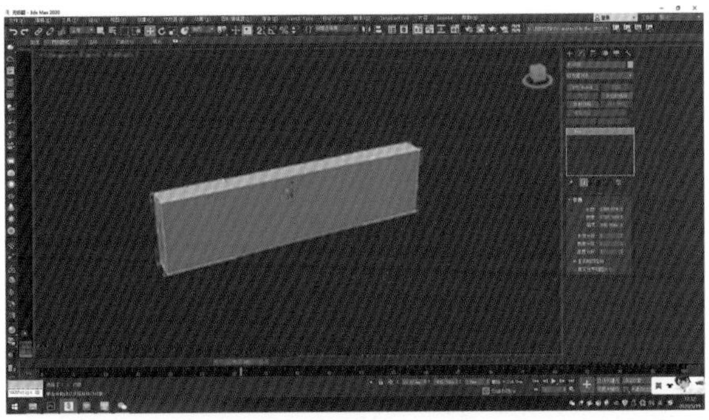

图5—3—47

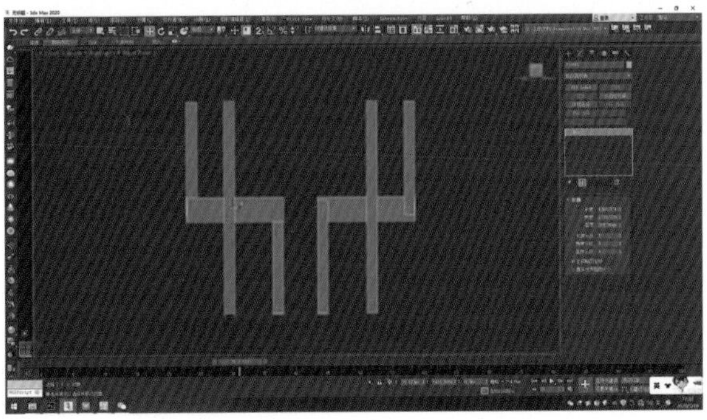

图5—3—48

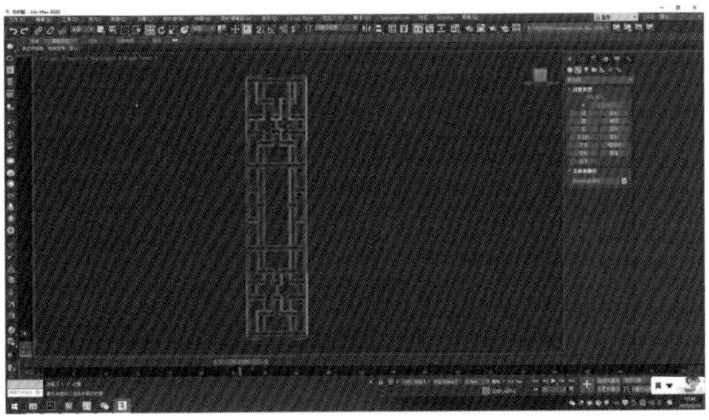

图5—3—49

选择“Extrude”挤出图形。用鼠标右键点击空白处，选择“Convert to Editable Poly”。如图5—3—51所示。

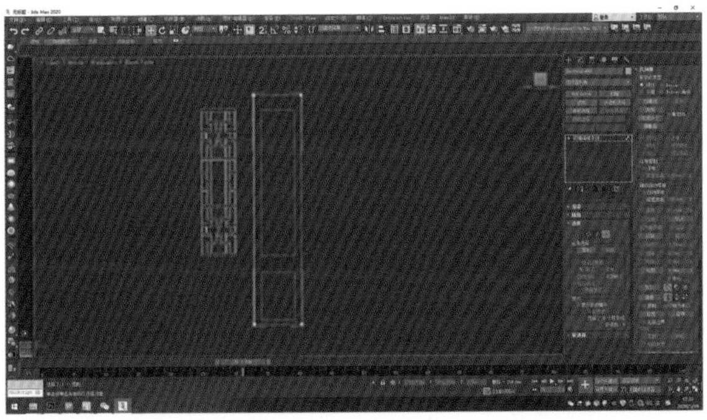

图5—3—50

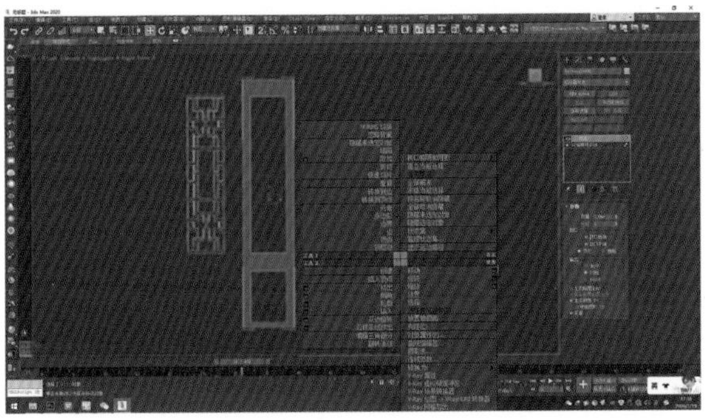

图5—3—51

选择正面，用鼠标右键点击空白处，选择“Bevel”左侧的方块。如图5—3—52所示。

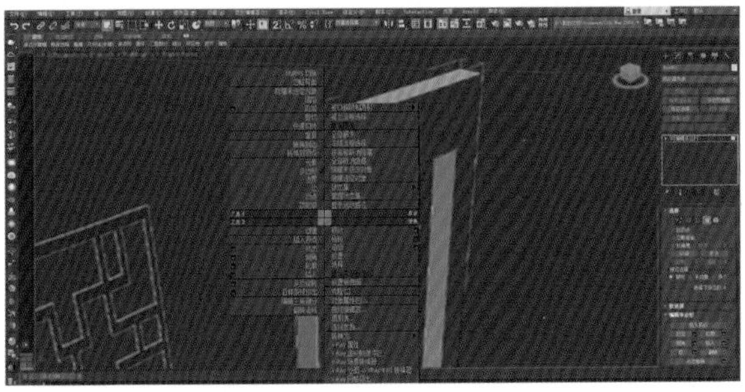

图5—3—52

调整倒角的厚度和缩进大小。与中式窗户结合，形成单扇门。如图5—3—53所示。

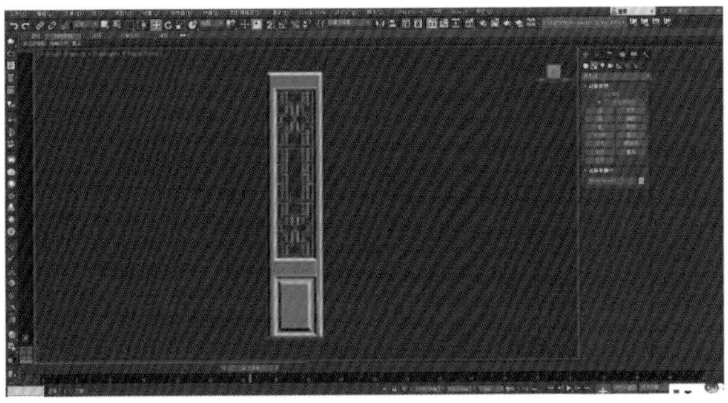

图5—3—53

复制单扇门，并以同种方式做出顶部窗户，组合形成墙面。如图5—3—54所示。

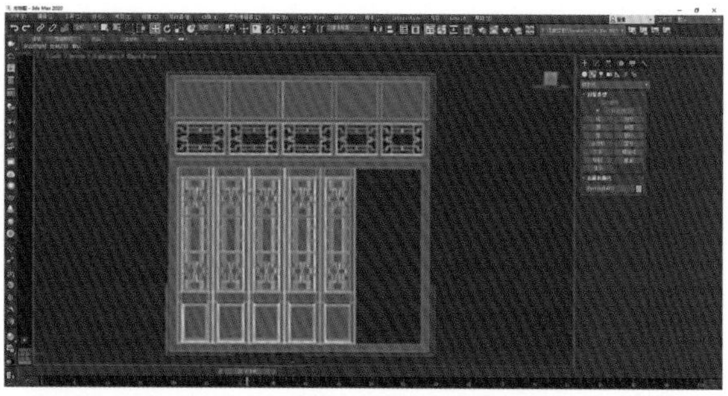

图5—3—54

复制，放入空间中。如图5—3—55所示。

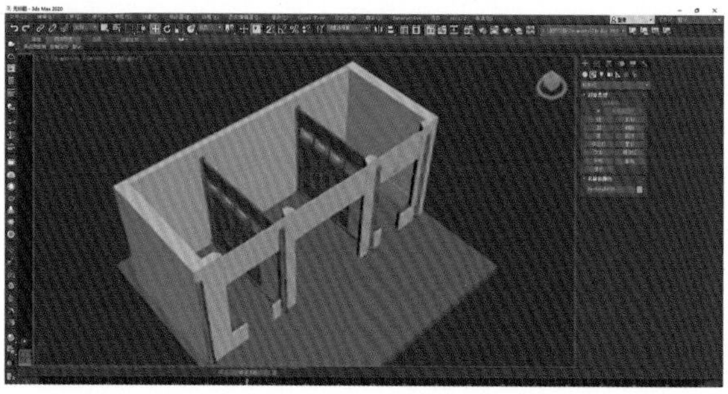

图5—3—55

同理，做出外部门及窗。如图5—3—56所示。

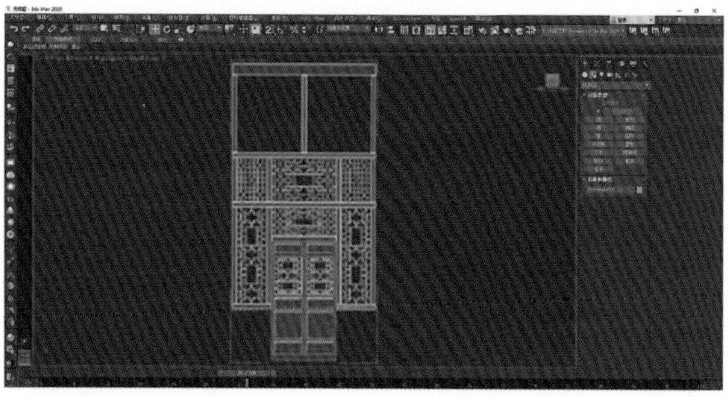

图5 3—56

复制，组合成图。如图5—3—57所示。

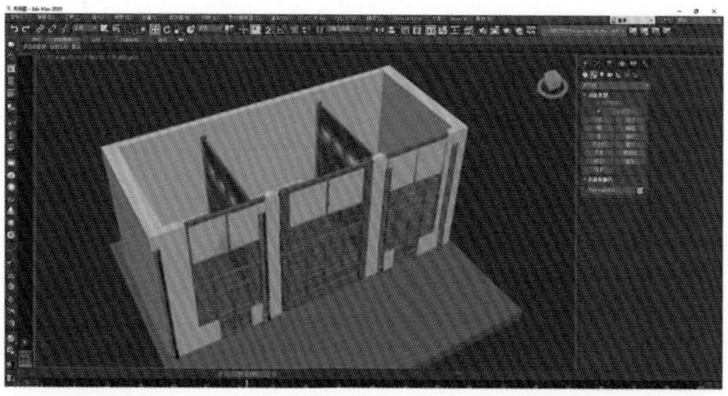

图5—3—57

在二维线工具中选择“Text”，输入“提督公事房”并选择字体。如图5—3—58所示。

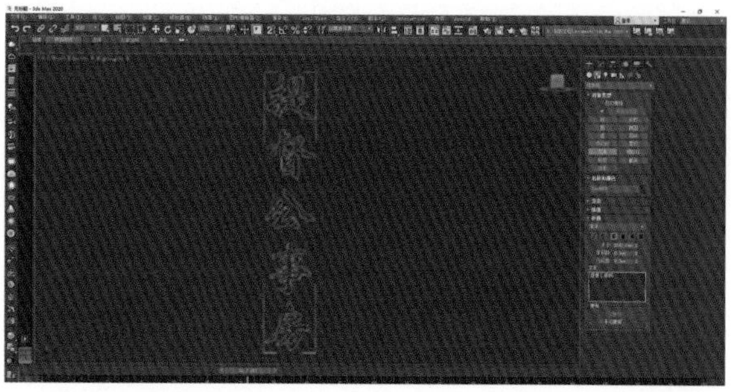

图5—3—58

在编辑器中选择“Extrude”挤出文字。调节文字厚度并加入深色底板。如图5—3—59所示。

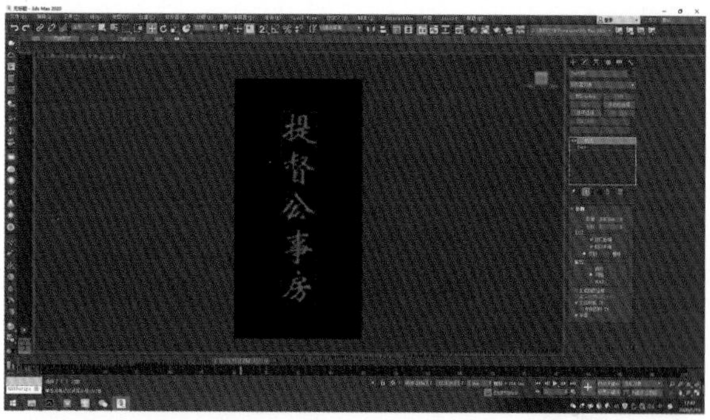

图5—3—59

正立面完成。如图5—3—60所示。

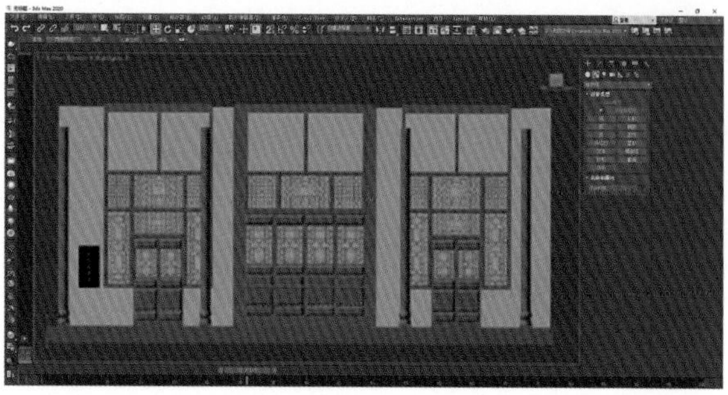

图5—3—60

在顶视图中画出闭合曲线图形。如图5—3—61所示。

在前视图中画出直线，选中直线，在“Compound Objects”中选择“Loft”。点击“Get Shape”选择曲线。如图5—3—62所示。

在“Path”中输入50、100并分别选中曲线图形。键盘输入“I”，选择缩放工具。调整50、100位置图形大小。如图5—3—63所示。

图5-3-61

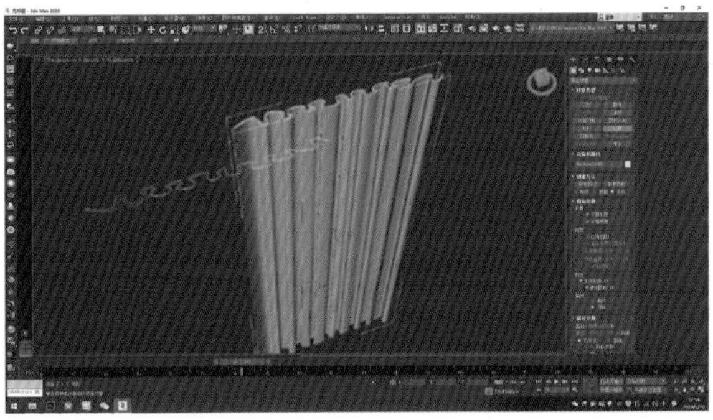

图5-3-62

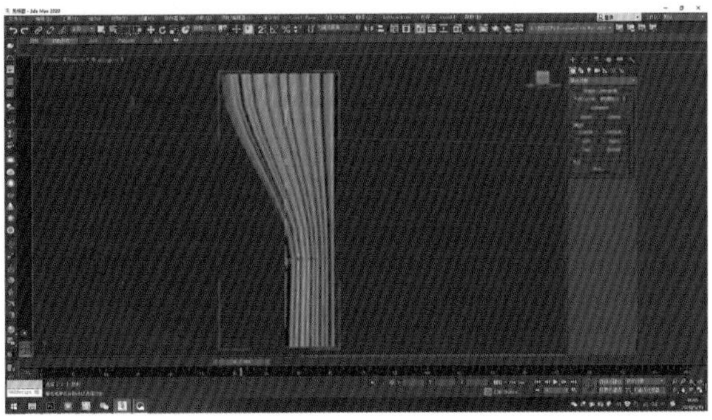

图5-3-63

选择对称复制，做出窗帘。将窗帘放入窗户位置。如图5-3-64所示。

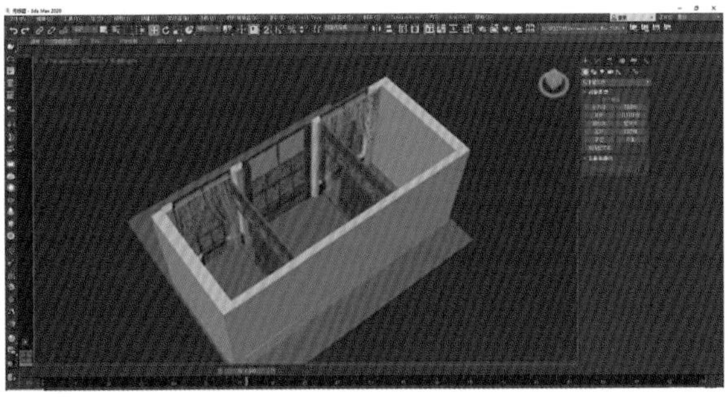

图5-3-64

将下载好的中式家具模型直接拖拽到3DMax界面中。选择“Merge File”。如图5-3-65所示。

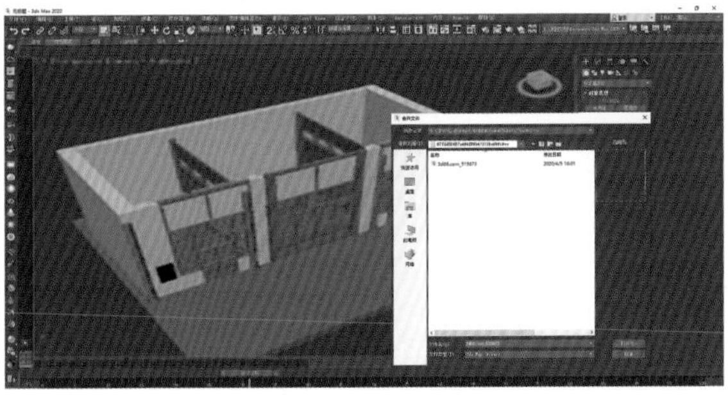

图5-3-65

将家具放置在合适位置。将其余家具以同样方式拖入，布置室内空间。如图5-3-66所示。

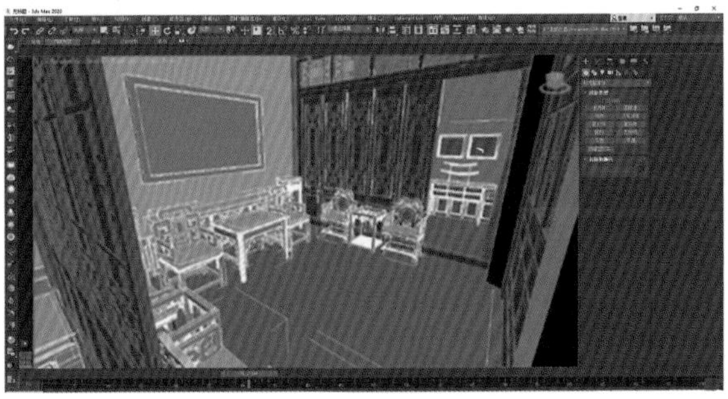

图5-3-66

模型顶视图效果如图5-3-67所示。

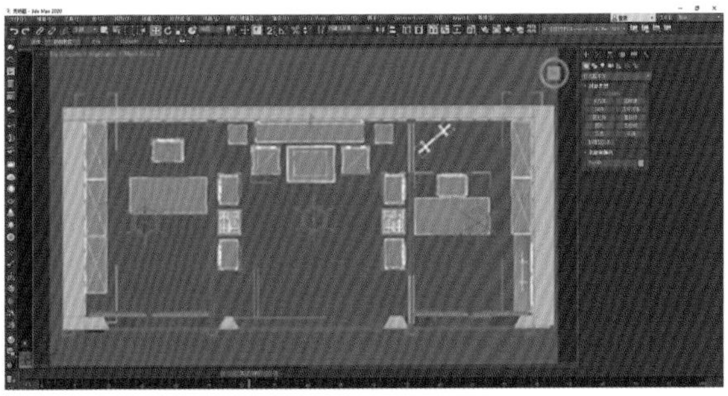

图5-3-67

将灯笼模型放入空间中。如图5-3-68所示。

用方条组合成顶棚支架。将方块排列，形成顶棚。如图5-3-69所示。

房体模型完成。如图5-3-70所示。

完成图正面。如图5-3-71所示。

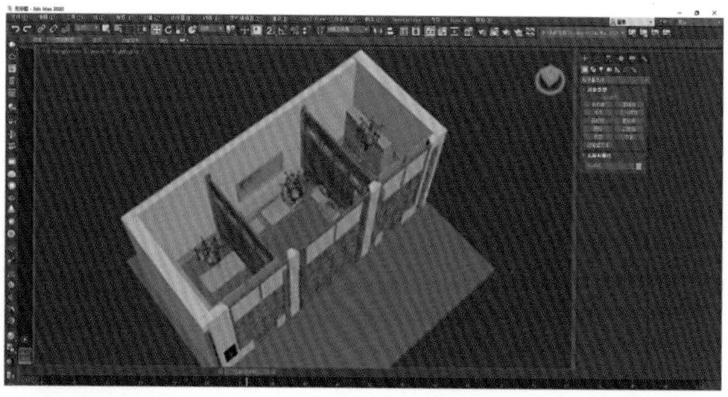

图5—3—68

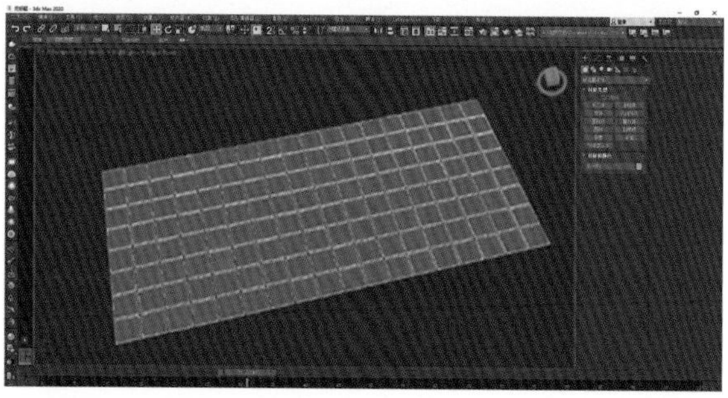

图5—3—69

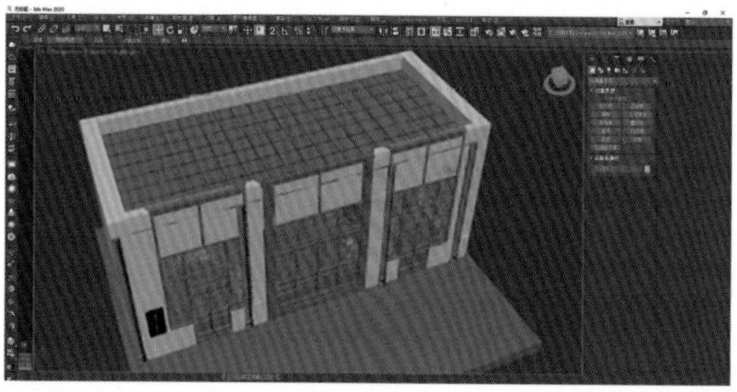

图5—3—70

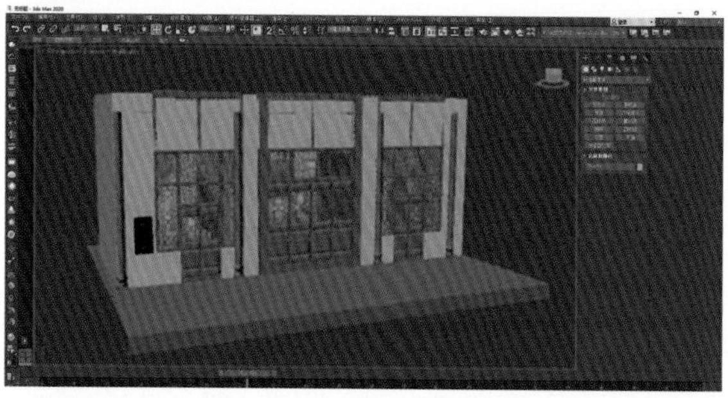

图5—3—71

室内模型效果如图5—3—72所示。

键盘输入“F10”，在“Production”中选择“V-Ray Adv2.10.01”。在“Common”中的“Output Size”选择渲染图大小尺寸。如图5—3—73所示。

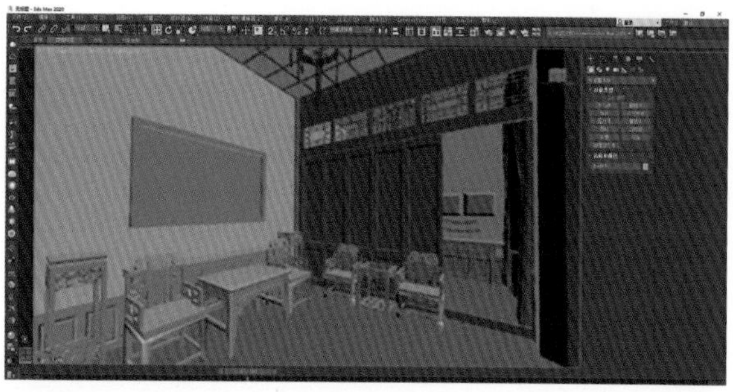

图5—3—72

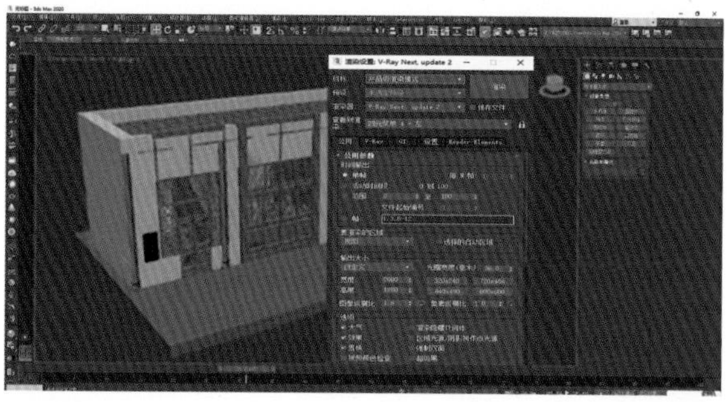

图5—3—73

在“VR—基项”中选择全局开关，打开最大深度，将缺省灯光改为“关掉”。在“图像采样器（抗锯齿）”中将类型改为“固定”，关闭抗锯齿过滤器。如图5—3—74所示。

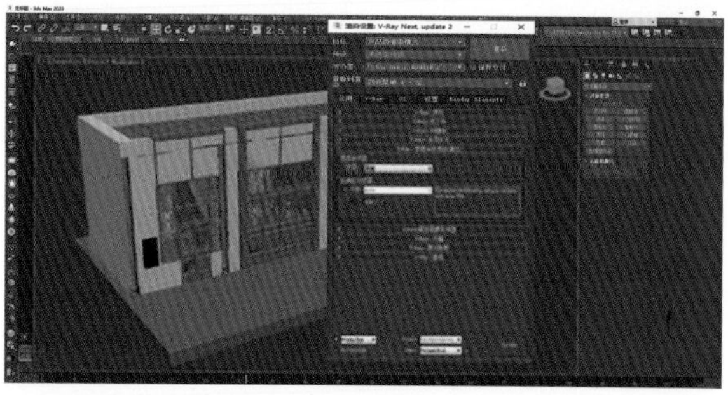

图5—3—74

在颜色映射中将类型改为“VR—指数”。在VR—间接照明中将二次反弹改为“灯光缓存”。如图5—3—75所示。

在发光贴图中当前预置为“高”，勾选“显示计算过程”，根据需要调节图像清晰度。在灯光缓存中将“细分”改为1000，勾选“显示计算状态”。如图5-3-76所示。

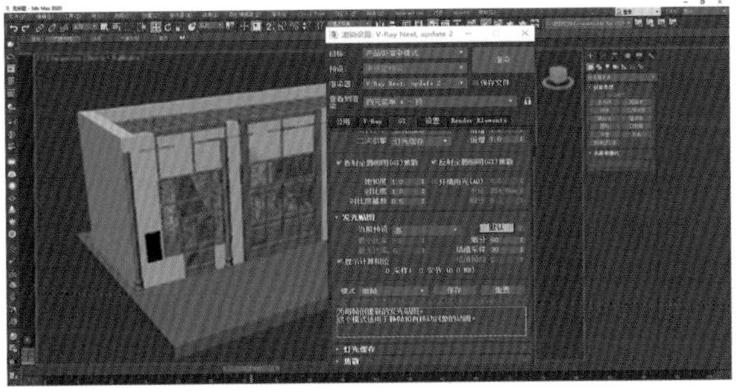

图5-3-75

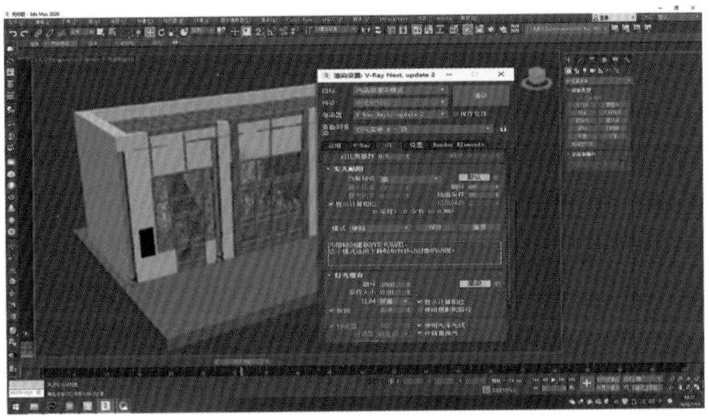

图5-3-76

键盘输入“M”，在对话框中部右侧选择“VRay-Mtl”。选择漫反射后边的方块，在“Bitmap”中添加木纹贴图。如图5-3-77所示。

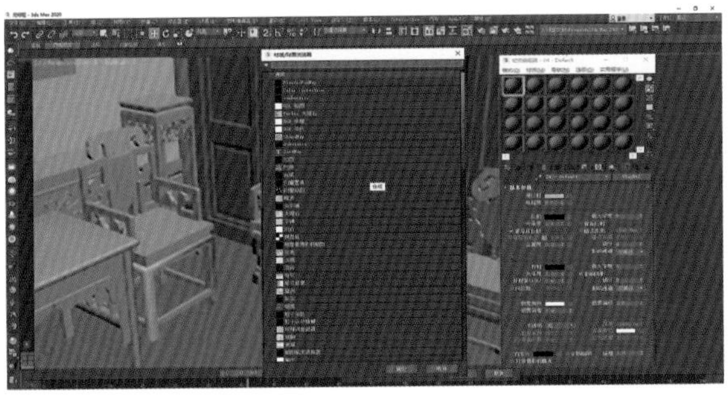

图5-3-77

将反射值调为57，高光光泽度调为0.9，发射光泽度调为0.7。如图5-3-78所示。

选择对话框中部左起第三个图标，点击家具，将材质赋予家具。同理，以相同参数调节木门的材质。如图5-3-79所示。

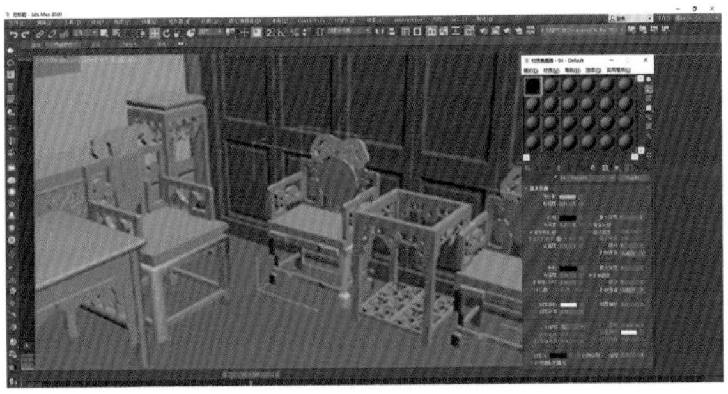

图5-3-78

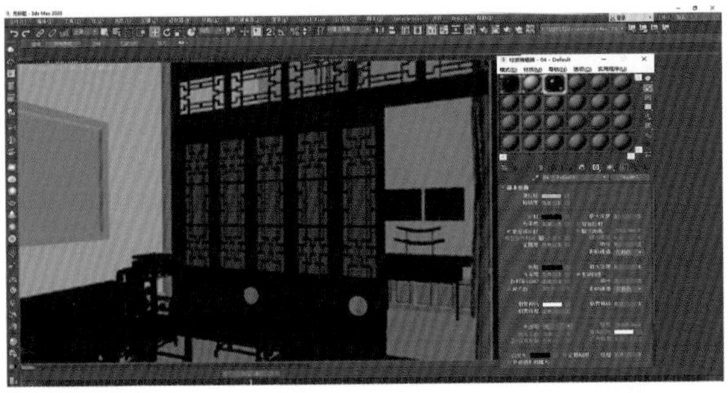

图5-3-79

窗帘漫反射调节颜色，折射为57。将材质赋予窗帘。如图5-3-80所示。

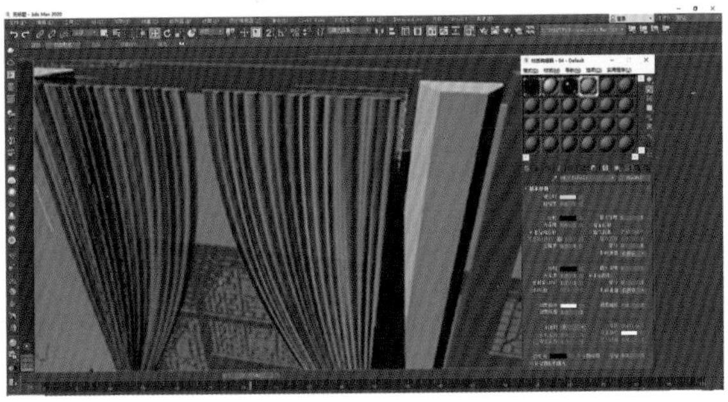

图5-3-80

漫反射中选择图片，将反射光泽度调整为0.55。如图5-3-81所示。

图5-3-81

宫灯外部为红色骨梁。玻璃颜色调为淡黄色，反射值为67，折射值为188。如图5—3—82所示。

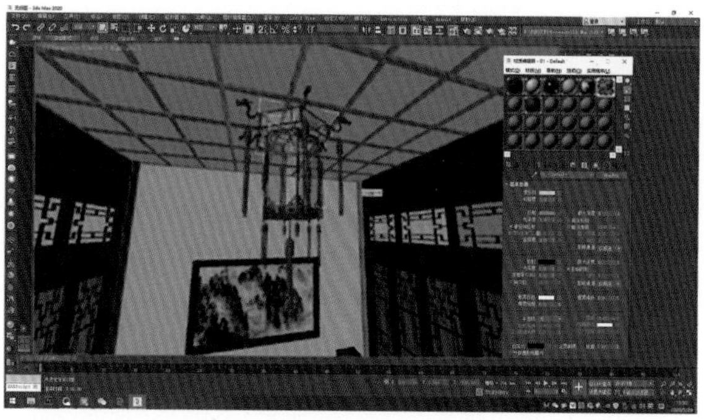

图5—3—82

设置外部门反射值为13，在“Ambient”中调节柱子的颜色。如图5—3—83所示。

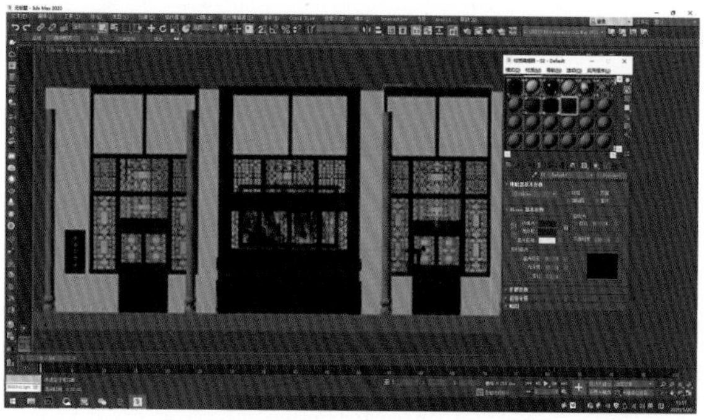

图5—3—83

设置外部墙体。在漫反射中选择贴图，反射光泽度为0.55。如图5—3—84所示。

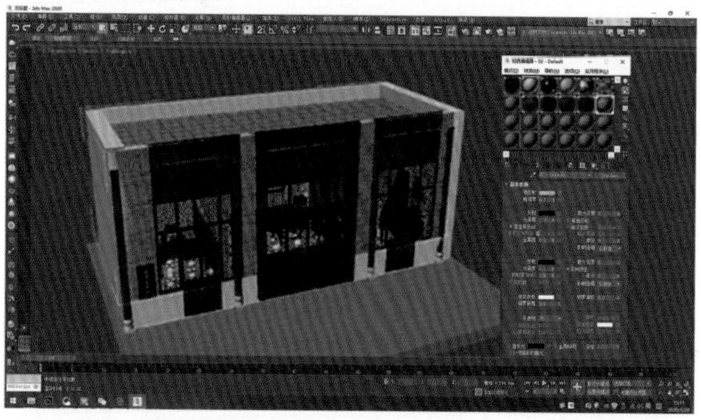

图5—3—84

在贴图中“漫反射”和“凹凸”后面为“None”添加相同贴图。如图5—3—85所示。

同理，室内地面材质和墙面数值相同。如图5—3—86所示。

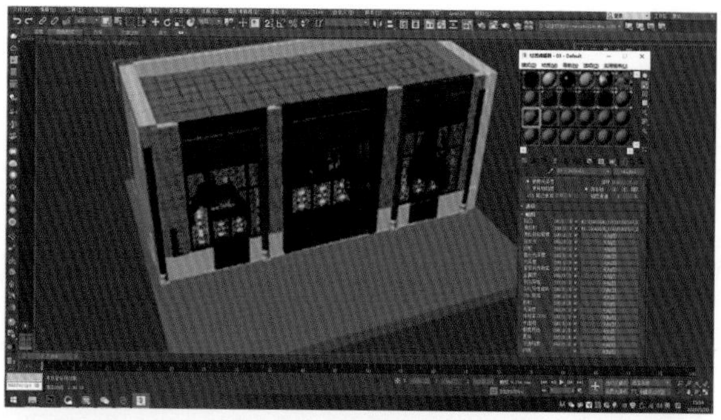

图5—3—85

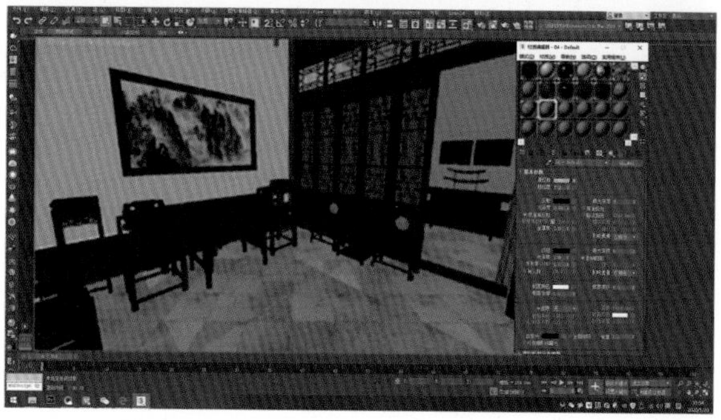

图5—3—86

设置顶部天花贴图反射光泽度为0.55。如图5—3—87所示。

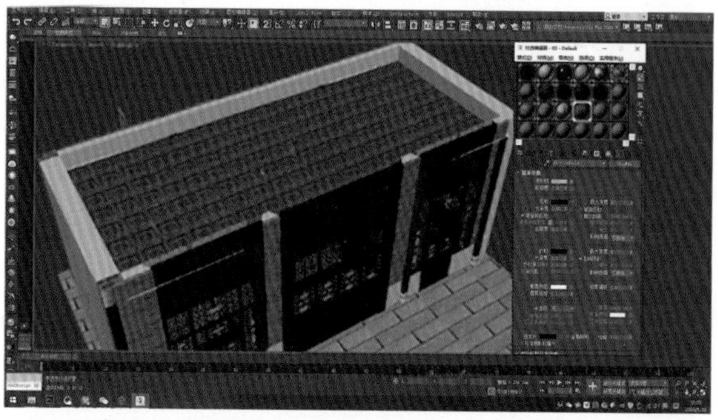

图5—3—87

设置室内玻璃漫反射为淡蓝色，反射值为255，折射率为255。如图5—3—88所示。

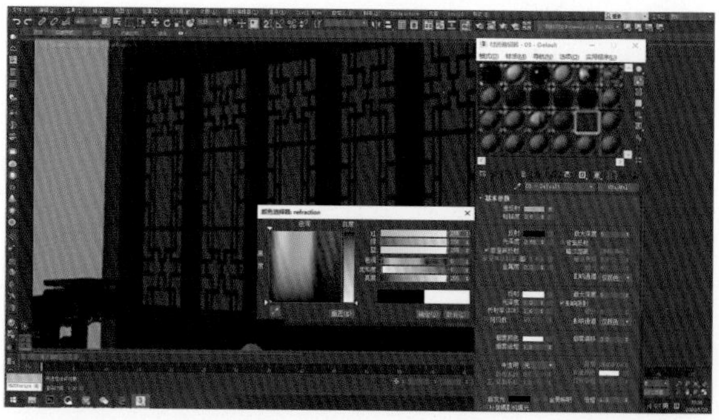

图5—3—88

内部模型完成图如图5—3—89所示。

图5—3—89

外部模型完成图如图5—3—90所示。

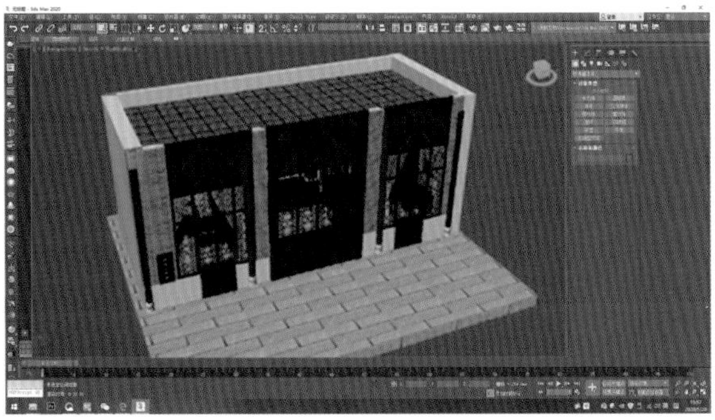

图5—3—90

在灯光工具中选择“VR—光源”。用倍增器调节灯光强度，在颜色处调节灯光颜色，在“选项”处勾选“不可见”，关联复制灯光。如图5—3—91所示。

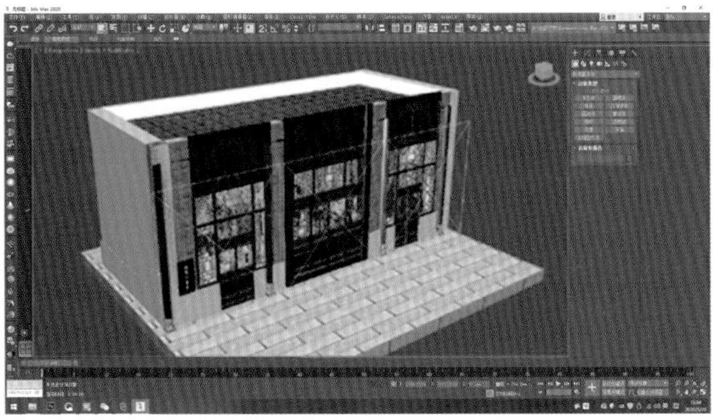

图5—3—91

内部复制面片灯作为主光源。在灯具工具中选择“Photometric”，选择其中的“Free Light”。如图5—3—92所示。

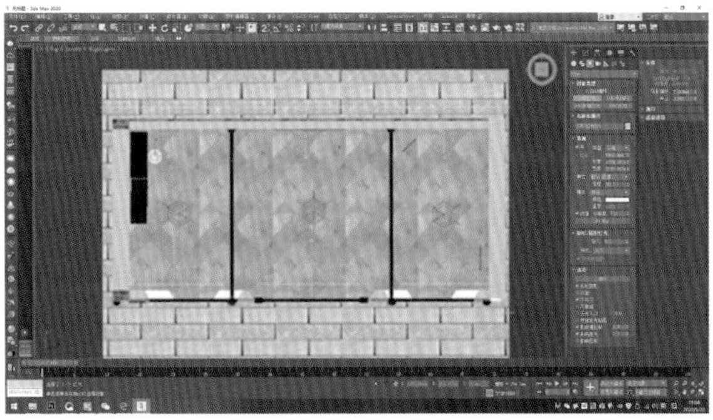

图5—3—92

将灯光关联复制调节室内光线。如图5—3—93所示。

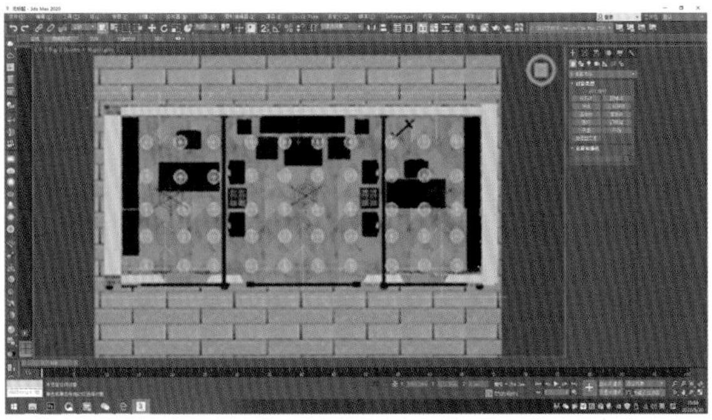

图5—3—93

最终效果图如图5—3—94所示。

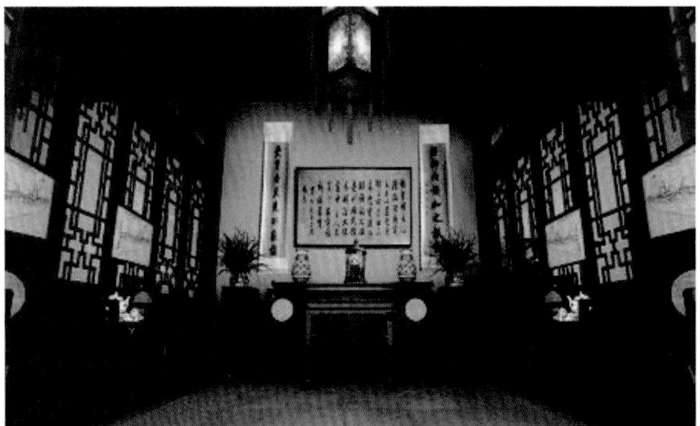

图5—3—94

小结：

本章学习了一个完整的从建模到最终渲染出效果图的实例，讲述了办公空间的材质、灯光、渲染的过程，建议读者在学习过程中用心体会，在今后制图时，灵活运用所学的知识和技法，举一反三。

参考文献 >>

[1] 王受之.世界现代设计史 [M] .北京:中国青年出版社,2002.

[2] 张绮曼,郑曙.室内设计资料集 [M] .北京:中国建筑工业出版社,1991.

[3] 约翰·派尔.世界室内设计史 [M] .北京:中国建筑工业出版社,2007.

[4] 刘发全,吴士元.设计学概论 [M] .沈阳:沈阳出版社,2000.

[5] 彭一刚.建筑空间组合论 [M] .北京:中国建筑工业出版社,1998.

[6] 刘盛璜.人体工程学与室内设计 [M] .北京:中国建筑工业出版社,2004.